环境政治学名著译丛

主编／曹荣湘

大地上的栖息者

生物区域构想

〔美〕柯克帕特里克·塞尔 著

李 健 译

商务印书馆
The Commercial Press

2020年·北京

Kirkpatrick Sale

DWELLERS IN THE LAND

The Bioregional Vision

中文版经作者授权，根据佐治亚大学出版社（雅典 & 伦敦）2000 年版译出

环境政治学名著译丛编委会

此书敬献于我有幸站在其肩膀上的一代人，特别敬献于我的父母，海伦·斯特恩斯和威廉·塞尔，以及 E. F. 舒马赫。

2000 年版序言

在这本书完成仅仅几个月后，我开始着手克里斯托弗·哥伦布（Christopher Columbus）的传记，以便赶上 1992 年的新大陆发现五百周年庆典。这本传记的视角在于将 15 世纪欧洲阴郁、颓废、暴力、仇恨自然的文化，与哥伦布所找到的稳定、和谐、和平、热爱自然的美洲文化相对比。在之后多年的研究过程中，我了解到许多关于这位著名探险家的事情，其中大部分没有包含在众多介绍他的书籍中。但其中或许最引人注目、也最容易被忽视的特点是他悲剧性的无根的漂泊，他在航海之前或之后，都不曾有过一个家，总是不停歇地驶向其他地方，驶向下一个岛屿，去寻找另一个世界。我还了解到当时（现在也是同样）西班牙语中有 *querencia*（思乡）这样一个单词，它不仅仅是像字典中那样，意味着"对家的热爱"，而且像我所指出的，是"一种内心深处沉静的幸福，来自于对大地上某一块特殊地方的了解，对它每天和季节的模式，对它的果蔬和气息，对它的历史以及它在你 经历中的认知……无论何时回到这里，你的灵魂都会发出一种来自内心的满足的叹息，为对这里的熟识和放松"。而哥伦布，唉，是一个从来都不知道 *querencia* 的人，从来不曾在任何一个地方真正地安歇过，总是过着一种没有最基本标准——家——的生活。

Querencia，简而言之，它的含义非常接近于生物区域的构

想（bioregional vision）。

当然，这也并非偶然，无根的漂泊成为这个征服者的一个突出特点——哥伦布开始不断地征服他不止一次认为是天堂的土地——因为无根性本就是他所生长的那种不安分的文化的一个固有特点。在今天也仍是这样，在所有这种文化已经渗透到的世界中。最典型的是在美国，从一开始美国即是一个多变的、不断在寻求的、不稳定的社会，它在现今更是如此地不安定，其人口的20％每五年就会搬至一个新家。

但这恰恰使得（带着地区政治和土地认知标识的）生物区域主义（bioregionalism）成为一个重要的理念，一种颇具成效的可能。因为它说出了那种被深刻感受到的冲动——在这个快速发展的国家中，没有任何财富或是权力可以消除这种迫切的需求。

Querencia，以一个地方为标识、以一个特定的地点为家的需求。这一点，我认为，按照已故的勒内·杜博斯（René Dubos）的假设，是长久以来人类经验中的一种倾向，千百年来已嵌入我们的基因构成。即使在我们的经验予以否认时，这种渴望依然在我们的灵魂中执著地坚持着。

当然，生物区域主义只是讨论这种倾向、这种需求的一种方法。而且我承认，即使是现在，在生物区域一词和思想在这片大陆上已经开始流传了四分之一个世纪后，它仍然不是美国主流民众所能理解的概念。但它已证明自己是一种非常具有吸引力的方法，可以让许许多多的人们思考和讨论他们所生活的环境，以及那里所具有的各种问题和可能。而且它已找到自己的方式，融入数百万的人们所尝试的（将一些特殊的地理范围标识为自己特有空间的）广泛趋势中。这就是为什么我认为在新世纪中再版这本

xi

书是适宜的，而且我希望也是有用的。

早在 1985 年，季刊《职业地理学家》（*Professional Geographer*）已将学术界的关注引向这一新的理念，并使其成为一个对教师和活动家们都同样有用的概念。随后的一些出版物主要针对哲学家，包括《环境伦理》（*Environmental Ethics*）和《号手》（*The Trumpeter*），它们较为详细地论述了生物区域主义，尝试确立和定义它的一些理论和术语，提出对生物区域不同的划分方式，以及对生活在其中的社会进行分类的不同方法，并像哲学家那样，提出关于其意义的相关问题。

之后，这种理念开始出现在景观设计师和设计专家的工作中，作为一种讨论（在现实世界中）不能被政治界限有效定义的地区的方式，以及如何以适宜的动植物来区分地理分布的方法。1997 年美国景观设计师协会（the American Society of Landscape Architects）的大会主讲人建议他的听众试行一种"生物区域假说"，从而可以看到人们是如何确认并感觉到自己成为了生态定义区域中的"参与者"。同样，生物区域的概念也被区域规划者们广泛使用——这一点并不令人惊讶，因为在被诱惑到"都市圈"这样华而不实的概念之前，他们的专业本建立于流域和其他自然赋予的地理条件上。安大略省在 20 世纪 90 年代初 xii进行了一项研究，旨在调和其管辖范围内的各种分区法规（zoning laws）以及规划条例。该研究明确地将多伦多地区识别为一个半岛生物区，大部分与当地的橡树岭生物区域组织（the Local Oak Ridges Bioregional Group）长时间来所划定的范围相同；而一位多伦多市长已撰写了两部从生物区域角度论述多伦多区域的书籍。前几年，加利福尼亚州邀请了林务局和土地管理局，重新组织了一次全面的环境政策审核。这次审核依据流域和特定的动植物，将加利福尼亚州分为 11 个不同的生物区域，并在生物区域的基础上制定了生物多样性保护规划；甚至还建立起由地方居民组成的生物区域委员会和各种流域组织，以发展、监测土地利用和自然资源政策。联邦内政部也已开展行动，在西部几个州创建了资源咨询委员会，对实际上是生物区域的规划范围开展土地利用方面的研究，并在一些地方——例如，哥伦比亚河流域，建立起生态系统工程。

就在上个月，从科罗拉多州柯林斯堡的美国林务局生态系统管理部寄来一个有趣的包裹。里面有一份令人吃惊的"北美生态区"地图，由罗伯特·G. 贝利（Robert G. Bailey）制成。其中两张小的插图展现出北美的"生态区范围"（极地、温带、旱带、热带）和北美大陆的"生态区区划"（一个更细的分类，分为十五个不同的区域），而主地图是一张细致的、主要基于生态气候条件和当地普遍生长的植物群系而划分的"生态省份"图。图中所示的 63 个省份大多比流域范围要大一些——贝利提到他排除了一些标准，例如土壤类型和人居模式（以及地质、河流、鱼类、动物和历史指标等），并且也没有把地图再细分到我在这本书中称为"地理区"（georegions）和"形态区"（morphoregions）的尺度——但它的划分原则显然是基于生物区域的标准，地图中的省也基本符合我称为"生态区"的范围。其中，或许更为重要的是，这份地图体现出林务局和联邦环境规划者已普遍具有一种崭新的、基本为生物区域的思维方式——按照生态系统而不是这样或那样的资源来表现地球，将自然形态作为一个整体来测量，而不再是依照政治或官僚所划定的界限。

4

在生物区域思想扩散到自身以外的组织和行业的同时，在其内部也孕育出一系列新的团体、工程和网络组织。当行星鼓乐（Planet Drum）——从最开始即为生物区域组织前沿的加利福尼亚基金会（地址为 Box 31251，San Francisco，CA 94131），在1995 年发布生物区域组织名录时，已有超过 200 个团体（从这本书写作时期的 60 个增加到当前数字，而且还有更多的团体在不断涌现）。正如我在"未来构想"一章中所指出的，生物区域工程是一种非常值得推荐的组织性载体，在这块土地上所有想了解其环境以及在其中如何生态地生活的人们，都在学习、使用它的概念和术语。

从大的轮廓上对一些最成功和持久的生物区域项目的简单概览，可以很好地表现出 20 世纪末生物区域运动的规模。自称为生物区域组织的团体遍布西北的卡斯卡迪亚（其中包括伊河和哥伦比亚纳、加州北部的沙斯塔生物区、整个墨西哥直到恰帕斯州、索诺兰沙漠、得克萨斯州的黑土草原北部、威斯康星州的无定向生物区、整个大湖地区、跨越密苏里—阿肯色州边界的奥扎克亚、从俄亥俄河谷一直到匹兹堡、阿巴拉契亚地区的中部和南部、瑞力登流域、哈德逊山谷、伯克郡，以及缅因州沿岸）。现今，奥扎克地区共同体代表大会已举行了二十次年会，堪萨斯流域举行了十八次年会；沙斯塔、大湖地区、俄亥俄河谷和卡斯卡迪亚生物区也每年都举行代表大会。加利福尼亚的马托恢复理事会（The Mattole Restoration Council）是一个由一百多个共同体和个人组成的联盟，近三十年来致力于鲑鱼的河流回归以及对流域自然系统的保护，现已取得了巨大的成功，即使不能说是完

xiv

全的胜利；位于阿肯色州尤里卡斯普林斯的水质监测中心，二十年来在全国各地监测水质，最近出版了一系列关于水生态的文集；旧金山的绿色城市项目（the Green City Project）是一个包含两百多个共同体的网络，通过在生物区域范围内的运作来促进绿色城市建设，而不再把城市看作一个孤立的地区；伯克郡的E. F. 舒马赫协会（the E. F. Schumacher Society）花费了二十年的时间，将当地货币和共同体经济原理作为一种地方授权的方式，进行实践推广，并且它的图书馆也成为一个非常重要的生物区域信息中心；爱德华王子岛的一个生物区域研究所，多年来一直致力于一系列的环境和共同体发展研究。以上所有这些都被汇总到一个伞状的组织——北美生物区域协会（the Bioregional Association of the Northern Americas，BANA）的旗下。北美生物区域协会成立于1996年，致力于生物区域运动可以发出统一的声音，以及为新的和已发展起来的生物区域组织提供信息和资源，目前由英勇的行星鼓乐的人们主持协调。

xv

　　另一个衡量生物区域主义具有持续影响力的重要的尺度是，由两个加拿大人——朱迪思和克里斯托弗·普兰特（Judith & Christopher Plant）运营的一个小型生物区域资料馆所出版的一系列图书。最初以杂志《新触媒》（the New Catalyst）的形式出版，而后成立了新社会（New Society Publishers）出版社（地址为 Box 189，Gabriola Island，British Columbia，VOR-1XO）。到目前为止已出版了《龟岛论说：可持续发展的未来》（Turtle Talk：Voices for a Sustainable Future）、《绿色商业：希望还是骗局？》（Green Business：Hope or Hoax?）、《将权力归于地区：创建共同体调控机制！》（Putting Power in Its Place：

Create Community Control !）、《生活于大地：有利于地球复原的共同体机制》（*Living with the Land：Communities Restoring the Earth*）、《集团的力量：以共同体替代异化》（*Circles of Strength：Community Alternatives to Alienation*）以及《家园的边界：地方授权范围测绘》（*Boundaries of Home：Mapping for Local Empowerment*）。虽然还有更多的书籍即将问世，但从教育层面，已可称之为一个重要的成就，很少有什么运动可以与之匹敌。更广泛的图书资料还包括这本书初版之后，由生物区域拥护者们所撰写的无数书籍。因为数量太多而不胜枚举——不过可以确定地说至少有几百部书籍包含有生物区域的观点——包括托马斯·贝瑞（Thomas Berry）的《地球之梦》（*The Dream of the Earth*）、J. M. 杰米·布朗森（J. M. Jamie Brownson）的《在寒冷的边际：北方生物区域的可持续发展》（*In Cold Margins：Sustainable Development in Northern Bioregions*）、雪丽丝·格兰丁尼（Chellis Glendinning）的《尘嚣之外》（*Off the Map*）、弗里曼·浩斯（Freeman House）的《鲑鱼图腾》（*Totem Salmon*）、杰里·曼德（Jerry Mander）的《神圣缺失》（*In the Absence of the Sacred*）、肯顿·米勒（Kenton Miller）的《规模平衡：通过生物区域管理增加生物多样性机会指南》（*Balancing the Scales：Guidelines for Increasing Biodiversity's Chances through Bioregional Management*）、斯蒂芬妮·米尔斯（Stephanie Mills）的《为荒野服务：恢复以及重新居住于损毁的土地》（*In Service of the Wild：Restoring and Reinhabiting Damaged Land*）以及沙琳·斯普瑞特奈克（Charlene Spretnak）的《真实复苏》（*Resurgence of the Real*）。

xvi

同时，也应该提及近些年来生物区域主义在国际层面所取得的巨大进展。其中最重要的拓展可能是向南进入墨西哥以及中美洲，从而遍布整个美洲大陆——这已成为生物区域运动的一个地理性标志，并依据一个印第安的创世神话而命名为"龟岛"运动（Turtle Island，详见下文）。由于墨西哥市、莫雷洛斯、马鲁阿塔和其他地区的一些团体的不懈努力，两年一次的活动集会已在墨西哥举行了两次——最初为北美生物区域代表大会（North American Bioregional Congresses），并制定了运动纲领，后因扩展社会交流，改为现在的龟岛生物区域集会（Turtle Island Bioregional Gatherings），南美已成为这个大陆所举行的大多数活动和讨论的固定成员。近年来，在哥伦比亚的麦德林和厄瓜多尔的巴伊亚日地卡拉奎斯也举行了大量的生物区域会议。而欧洲一直都对生物区域观念表现出友好的态度，现在生物区域理念已经是次大陆上绿党的一个明确的组成部分（绿党的一个口号即是"由地域组成的欧洲"）；在英国、法国、意大利和西班牙也运营着一些小型的生物区域团体，最近在意大利还成立了一个生物区域文献中心。日本也一直是生物区域理念成长的沃土，一个抗议1998年长野奥运会对姬川流域造成破坏的环保主义团体（其口号是"没有人可以赢得比赛，如果自然输掉的话"），就在宣传活动中使用了生物区域的概念和术语。

_{xvii} 在一个地区，生物区域机制本应被积极地采用，但现实的结果却很令人失望。这就是在北美的印第安部落。在部落和保留地有相当数量的人们，从年幼的顽童到德高望重的长者，都试图使部落的传统和观念得以存续，并使之成为应对现代矛盾的有力工具——这本应是一种天然的生物区域主义苗床。虽然几位杰出的

领导人——其中有奥内达加族（Onondagas）的信念守护者欧仁·利昂（Oren Lyons），以及一位纽约州立大学布法罗分校的美国研究教授约翰·莫霍克（John Mohawk）——都明确地接受了生物区域主义，因为生物区域主义不过是一种（塑造和引导了印第安部落已有许多世纪的）古代部落理解的现代翻版。但由于一种误导——以为生物区域运动是以英国为中心的理解——阻碍了它可以传播到更多的印第安群落（尽管在现实中，生物区域主义者们努力地与它们进行着联络）。因此在联盟建立之前还有更多的工作以待完成。

我在这篇序言的开始即提到，生物区域主义只是众多方法中的一个——提出 querencia （思乡）情节以及现代文化对它的否定而引发的问题。令人高兴的是，在过去的二十年中，又涌现出许多和生物区域运动一样充满能量的回应，它们相互交织和联合，共同构成了当代社会思潮中根深蒂固的一部分——即可被称为生态中心主义（ecocentric）的观点。毋庸置疑，它们各自有着自己独特的进程，但它们也都融入生物区域的洪流中，使其不断地壮大和加强。

或许这些协作伙伴中最重要的即是深层生态学（deep ecology）。"生态智慧"（ecosophy）是由阿恩·奈斯（Arne Naess）、乔治·塞森斯（George Sessions）及其他学者在 20 世纪 80 年代创造的一个概念（虽然这个词早在 1973 年既已出现），为了与大部分主流环保团体所推行的浅层生态学（shallow ecology）相对应。它是一个复杂的理论，但在本质上它强调所有物种的平等，以及人类应适应这样一个万物生存之网，从而使得其他生命形式

xviii

9

可以尽可能地蓬勃发展；换句话说，它是以生命为中心，而非以人类为中心。这个想法其实一直是生物区域主义所默认一个的基础，但研究深层生态学的哲学家们给予了它明确且具有说服力的表现，包括几部书籍（例如，乔治·塞森斯的论文集《二十一世纪深层生态学》（*Deep Ecology for the Twenty-first Century*））、无数的文章以及由面向全国的新维度电台（New Dimensions Radio）播出的 13 集系列广播（其中一集为"生物区域视角"）；另外，深层生态学还拥有一个资金雄厚的基金会，用以推进其主题发展和事业运作。

在近二十年中，其他协同伙伴的反应则不这么具有哲学色彩，其中有被广泛采用的当地货币和交换机制（至少在世界中的 1000 个共同体中实行），以及自给自足的区域经济团体的发展；有机食品和有机农业的强力支持者，以及必然具有区域指向的地方绿色市场；由共同体支撑的农业，十年中已在美国传播到近 800 个共同体中；"生态村"（eco-villages）和其他类似的共同体，有意识地将他们的环境设置为尽可能减少人为影响以及最大限度促进生物多样化的方式；（不同于现代西方医学的）另类医疗，特别是草药和当地植物的应用；成立于 1995 年的全球化国际论坛（the International Forum on Globalization），以及与杂志《生态学家》（*The Ecologist*）相关的人们组成了一个联盟，带领人们反对（扼杀和窒息当地企业及项目的）全球经济以及各种自由贸易契约。

然而，美国的绿色政治在赢得追随者以及发展生物区域思想方面却没有上述这些运动成功。虽然绿党在欧洲继续保持着相当程度的成功（德国绿党依然是执政联盟的一部分），在美国各种

xix

绿色政治的表现却不过是在这里选出一个市政法官，那里选出一个市议员，很少有超越这些的成功。绿色运动并没有达到我在十五年前做出的预期，这可能与我最开始就担心的缺陷有关：即它拒绝把生态分析及生物区域主义思想作为它的政治核心，相反它所做出的错误尝试是，只将其作为它散乱的十点纲领中的一个元素。因此，它将自己局限于传统选举制度中的一个很小的自由主义空间，而不是从共同体和生物区域的层面来识别和激励其他非传统的团体，而只有这样才可能会带来真正的政治变革。

正如我在这本书最初的序言中所写到的，在 20 世纪 70 年代，当我第一次接触到生物区域主义的时候就被它所吸引。因为以我的理解，我认为它的根本理念表现出一种深刻而全面的方式，对生存于这个奇妙星球上的人类社会至关重要：生态的理解、区域和共同体意识、基于自然的智慧和精神、生物中心主义的情感、放权的规划、共同参与的政治、互助以及对其他物种的谦逊。在之后我没遇到过任何其他的哲学或是世界观在这些方面有所提升。而现在日益严重的环境危机，在很多方面比十五年前 xx 更加糟糕，也让我比以往更加确信生物区域主义是"关键的，或许是阻止即将到来的生态末日的，几乎唯一的方法"——如果它是可以被制止的话。

正如我说过的话，"我希望大家能够理解和分享这种看法，可以感觉到它的紧迫性，并最终被这样的构想所激励。因为我们还有什么其他的选择么？真的还有么？"

古老的印第安传说中有这样一种说法。最开始时，在这个世界之前，伟大的造物主还创造过两个世界：但在第一个世界，里面的动物都很邪恶，不懂得该如何生活，于是这个世界被焚毁于大火；而第二个世界，里面的动物都很愚蠢，也不懂得该如何生活，于是这个世界被洪水淹没。当整个世界都沉没在水中时，伟大的造物主决定再尝试一次，并让动物们游到水底去寻找一些泥巴来，好制成新世界中的陆地。

潜鸟优雅地俯冲到水中，但它却什么都没有带回来。"水太深了"，它说，"我不能到达水底。"之后水獭凭借它强大有蹼的后肢潜下水去，但它也什么都没有带回来。"水太深了"，它说，"我不能到达水底。"接下来海狸拍打着它巨大的尾巴，潜到水中，但它也没有办法带回泥巴。"水太深了，我不能到达水底。"它说。

最后，非常强壮也非常有耐心，可以活很久很久的乌龟，潜到水下，在水底下待了很长很长的时间，长到其他动物都担心乌龟也许被淹死了。经过了漫长的时间，也许有几个世纪那么久，乌龟从水中出现了，壳上驮着许多泥巴。它对伟大的造物主恳求道："我潜到了水底。这是你要的泥巴。现在给我们创造一个新的世界吧！"

伟大的造物主接过泥巴摊开，将它塑造成巨大的平原、山脉和沙漠，直到泥土覆盖了所有的水面，只留下少数的湖泊、溪水和河流。而后伟大的造物主拍了拍手，大地上涌现出各种各样其他的生物，有鸟类、有昆虫、有鱼类、有草和树木。然后他又拍了一下手，出现了男人、女人和小孩，有红色的、白色的、黑色的和黄色的，他们也同样遍布大地。

然后，伟大的造物主说道："第一个世界上的动物是邪恶的，第二个世界中的动物是愚蠢的，所以我把这两个世界都销毁了。现在我给予你们第三个世界，如果你们学会在其中尊崇、和谐地生活，两条腿、四条腿和多条腿的，游水、飞翔和爬行的，草、花和树木，水和土壤，相互之间和睦相处，那么一切都会很好。但如果你们也变得邪恶或是愚蠢，使得这个世界变得丑陋、使它患病且不再快乐，那么我也会摧毁这个世界。这都取决于你们自己。"

而后伟大的造物主将这个世界命名为龟岛以作为纪念，因为它是由乌龟所找到的泥土塑造而成的。而后他把大地放在乌龟背上，这样就会永远地提醒其他所有的动物——乌龟一生都在它的背上驮着它的家，它必须维系和保护它的家，因为它的家也在维系和保护着它。

这是被原本居住于这片土地的许多部落铭刻于心的一个信息，这就是为什么他们认为他们的世界是一座龟岛，以及为什么他们会发展出聆听伟大造物主警告的文化。这也是一个在许多世纪之后，被生物区域运动所铭刻于心的信息。生物区域运动以乌龟作为图腾，并努力寻找仿效以前社会的方法，效仿它们稳定、和谐、和平和热爱自然的方式：它们的 *querencia*（思乡）情结。

另外值得一说的是，乌龟是一种仅靠从壳里伸出脖子而争先的动物，而它最终赢得了比赛。

1991 年版序言

因为在美国"生物区域"还不是一个家喻户晓的词汇，"生物区域构想"也不像是一个可以在许多美国人胸怀中引起共鸣的想法。所以很显然，还需要付出努力来介绍它——而这正是这本书想要实现的愿望。

这显然不是一本你可以从中了解到一切的书，因为生物区域主义虽然仍是一个崭新的领域，但已经积累了大量的信息、经验、分析以及智慧，可以出版几倍于这本书内容的书籍。很显然这也不是一本像刻在石头上一样，已成定稿的书，因为生物区域主义仍处在它的初级阶段，还在不断地发现新的见解、新的领域以及新的联系。而且它也不是一部"从山上得来的权威"之书，因为生物区域主义是在不断变化和演化发展的，也许它的方法论和它的拥护者们一样众多，而我的只是其中的一个。

这本书更像是一种尝试，在生物区域工程的初期奠定一些基础，提出一些基本的轮廓。并将它的一些智慧聚集在一起，使我们能够在运动之中以及从外部，激励进一步的思索和讨论，并做出一些基础性的努力。我在这本书中所阐述的仅仅是我自己的观 点，尽管我大量地阅读了这一领域以及相关领域的文献，尽管我和成百上千位认为自己是生物区域主义者的人们探讨过，尽管我认为还算表现出生物区域主义的主流思想，但这本书却不能——也没有——假装代表所有的生物区域主义者。上天知道，他们有充分的证据表明他们能够为自己说话。

· · ·

我的研究轨迹从美国激进主义，到美国地域主义，再到巨无霸美国的惨痛失败。从之前的研究轨迹来看，我被这种形式的生物区域主义所吸引，几乎是不可避免的。对我来说，生物区域主义不仅仅是关于分散主义、参与、解放、互助和共同体——我以前的研究中所阐述思想的一种最新、最全面的形式——而且是来自于对地球危机的一种最基本的知觉，来自于生态理性、区域意识、对其他物种的谦逊以及全球共同生存的理想。因此对于我，它不仅仅是想象和实现远古的美国理想的一种新的方式，而且也是一个关键的，或许是阻止即将到来的生态末日的，几乎唯一的方法。

我希望大家能够理解和分享这种看法，可以感觉到它的紧迫性，并最终被这样的构想所激励。我们还有什么其他的选择么？真的还有么？

致 谢

谨此对彼得·伯格（Peter Berg）、加里·科茨（Gary Coates）、卡洛塔·科莱特（Carlotta Collette）、戴维·埃伦费尔德（David Ehrenfeld）、普林尼·菲斯克（Pliny Fisk）、莫里斯·吉罗迪亚斯（Maurice Girodias）、泰迪·戈德史密斯（Teddy Goldsmith）、戴维·古林（David Gurin）、戴维·亨克（David Haenke）、迈克尔·汉姆（Michael Helm）、罗恩·休斯（Ron Hughes）、凯利·金德谢勒（Kelly Kindscher）、弗雷德·克罗伊格（Fred Kreuger）、坦尼娅·库查克（Tanya Kucak）、西比尔·莱尤（Sibyl Levue）、佩里·麦基（Perry Mackey）、迈克尔·马林（Michael Marien）、保罗·麦基萨克（Paul McIsaac）、约翰·麦克劳里（John McClaughry）、维克多·纳瓦斯基（Victor Navasky）、海伦娜·诺伯格·霍奇（Helena Norberg-Hodge）、约翰·帕普沃思（John Papworth）、雷·里斯（Ray Reece）、诺曼·拉什（Norman Rush）、保罗·瑞安（Paul Ryan）、罗杰·塞尔（Roger Sale）、夏侯·斯佩克（Jaap Spek）、沙琳·斯普瑞特奈克（Charlene Spretnak）、鲍勃·斯旺（Bob Swann）、乔治·图克（George Tukel）、盖尔·维托里（Gail Vittori）、苏珊·威特（Susan Witt）、罗布·扬（Rob Young）献上我最诚挚的感谢。并特别感谢 E. F. 舒马赫协会（E. F. Schumacher Society）、那些细致回应我在 WBAI 电台

（世界广播联盟有限公司，World Broadcast Associates，Inc）的广播节目"人类规模"的听众，以及以前和现在所有的生物区域主义者。

同时，我要特别感恩于我的责编丹尼·摩西（Danny Moses），还有一如既往，我的家人利百加（Rebekah）、卡利斯塔（Kalista）和我最亲爱的妻子菲斯（Faith）。

目　　录

第一部分
生物区域的传承

最美的是
自然的整体性，生命和万物的整体性，是宇宙神圣之美。
热爱这一切吧，而不是它之外的人类。

——罗宾逊·杰弗斯《答案》
(Robinson Jeffers，*The Answer*)

科学技术，伪装成为一种目标，而不再是一种手段，使人们
不必要地远离自然，并在这样做的过程中使他们远离自己。

——戴维·埃伦费尔德《保护地球上的生命》
(David Ehrenfeld，*Conserving Life on Earth*)

1. 大地女神盖娅

在希腊神话中，世界之初，当混乱逐渐平息，一个神圣的球体逐渐浮现于雾气之中。天穹闪亮，飘浮着巨大的云朵，一个充满活力的由绿色、蓝色、褐色和灰色组成的世界，聚合在一起，形成一个富饶的圣地。太阳的温度、空中的气体、海洋中的元素、土壤中的养分，这一切合成一个有组织的、独立的、甚至几乎有着目的的有机体——一个活着的、呼吸着的、有着脉搏的身体，就如同柏拉图的名言，"一个生灵，一个可见的，包含所有生命的生灵。"

希腊人为其起名为盖娅（Gaea）——大地女神。她诞生了天空之神乌拉诺斯（Uranus）、时间之神克罗诺斯（Cronus）、泰坦（Titans）和独眼巨人（Cyclops），以及墨利埃（Meliae）——墨利埃白蜡树般的坚韧可以说是人类精神的祖先。盖娅是所有生灵的母亲，宇宙的创造者，创造者们的创造者。她是一切神圣的代表，所有智慧的源泉。在她表面的裂隙和切口之处——特别是在特尔斐，以及在奥林匹亚和多多那，她会将她的知识传授于少数圣贤，那些知道如何去倾听的人们。

"大地是一位女神"，色诺芬（Xenophon）在公元前4世纪这样写道，"她将公正教授于那些愿意学习的人们"。除了公正，还有后来被称为自然美德的其他属性：谨慎——对自然极限的认知；坚毅——对自然现状的感知；以及节制——对自然约束的了然。色诺芬继续写道："对她越尽心尽力，她越会给予你美好的回报。"一个古典智慧——荷马时代的"大地圣歌"这样唱道：

> 向盖娅，所有生命的母亲和最古老的神，我歌唱
> 你创造、养育并引领所有的生灵
> 那些行走在你坚实而光明的土地上
> 那些翱翔在你天空
> 那些畅游在你海洋的一切，都是你赋予的生命
> 主人，从你得来我们所有的收获、我们的孩子，还
> 有我们的白天和黑夜
> 你赋予我们生命，亦可带走
> 向你，一切的一切
> 向盖娅，一切的母亲，我歌唱

所以必然地，Gaea（盖娅）在希腊的语言中代表了土地，从中我们衍生出英文中的 *geography*（地理学，希腊语的 *gaia* 或 *ge*——代表土地，加上 *graphien*——代表写或描述）、*geometry*（几何学）、*geomancy*（风水学）、*geology*（地质学）等等。对希腊人来讲，Gaea 也象征着生命本身、出生和起源，所以她的名字也融入 *genos* 一词（即生命）。从中衍生出的英文单词有 *genesis*（起源）、*genus*（属）、*genitals*（生殖器官）、*genetics*（遗传学）和 *generation*（世代）等。这一认识也许会有助于按照 *Gaea* 来拼写盖娅，并按照 *jee-ah* 来发音，就如同现在大多数英语字典中所显示的一样。虽然在希腊语中 *Gaea* 与 *Gaia* 相同，而发音为 *guy-ah*。而对于英国人为什么坚持现在的拼写，而不

5

采用流畅的原有语言的唯一解释，是他们也同样在发音上用 Venice（威尼斯）来替代 Venezia，用 Florence（佛罗伦萨）替代了 Firenze。

· · ·

这并非只是希腊人的智慧。实际上在最早期的社会形态中，它频繁地出现于各个大陆。不论何种气候或地理环境，可以说出现于每一个史前文化。我们可以把它看作是一种基本的、几乎是人类天生的认知。近乎在考古学家发现的旧石器时期的每一个狩猎—采集社会，以及近几个世纪人类学家所研究的每一个初期社会中，一个主要的神祇（在很多情况下是列于诸神之前最重要的神祇）就是大地之神。

其实这并不神秘。在那些生存取决于对土地的了解以及靠狩猎来获取食物的社会——这种占据人类历史百分之九十九的生活方式，必然会无可避免地尊崇自然，将土地视为一种神圣不可侵犯的生灵。这种感情非常重要，以至于在每一种文化的神话和传统中，它都被放于中心位置，表现为地位最高的神祇。

对于早期人类而言，周围的世界和其中的所有事物——河流、树木、云彩、清泉、山脉都具有生命，并具有和人类一样（相同类型，同等性质）的情感和精神：在印第安易洛魁语（Iroquois）中称之为 *orenda*——宇宙中所有事物中存在的无形力量，而在某些非洲班图语（Bantu）中，这种存在被称为 *mata*。

当时的人们认为动物们也是具有灵魂的，所以在所有的狩猎社会，在杀生之前都要举行某种类型的仪式来表示歉意，并请求宽恕：纳瓦霍人（Navajo）在猎鹿之前要进行祈祷，木布提人（Mbuti）每日清晨要用烟雾来清洁自己，纳斯卡皮人

6

（Naskapi）则要向猎物致敬——"你和我具有同样的思想和精神"。而花草树木也同样有灵，每一部分都具有感觉。所以几乎所有的早期人类在收割和收获时都要举行繁复的仪式，以请求大地母亲赦免人们因移除她的一些子嗣而带来的痛苦。许多早期社会中，都流传有如印第安奥日贝人（Ojibways）的故事，讲述"在斧头下哭泣的树木"，或是像中国古代故事中所提到的被折断树枝的"悲痛"哭声。但直到最近，人类学家都只是将这种几乎普遍存在的现象——远古人类天生的、对地球上的树木在维系生命中所起到的重要作用的一种认识，简单归类于"树木崇拜"（将某些地方的树木、树林或整个森林视为神灵，认为其神圣不可侵犯）。从西部的凯尔特人（Celts）到东部的雅尔塔（Yalta）部落，从北部芬兰人到南部的希腊人，在古欧洲，树木和森林一直拥有一种特别的精神荣誉。在德国北部的部落，日耳曼语中的神殿（temple）实际上意味着森林，而在希腊语中的圣所（neos）则意味着自然的而非人类建造的封地①。

这些以自然为基础的人们，没有像我们现在这样将自我与周边世界分离的意识，也没有人类（有意识、有思维的高等的）与非人类（受限制的、没有感觉的、低等的）之间的区分。在那时，大部分的世界具有高度的神秘性，且可以肯定，他们对许多现象都无法作出解释。但同时他们却对整体性、统一性和地区意识，保持着一种自由的、健康的心理认识。正如人类学家杰克·福布斯（Jack Forbes）对早期加利福尼亚印第安部落的描述：

7

---

① 这种"树木崇拜"的力量现在也未完全消失：例如圣诞柴、圣诞树、圣诞的槲寄生、收获时的凉棚、婚礼时的花束、与基督教圣日相关的鲜花，甚至敲木头以求好运的做法，等等。

他们认为自己与其他人（以及周边的非人类生命）紧密地联系在一起，共同存在于一个错综复杂、相互关联的生命之网。也就是说，一个真正的共同体……。所有的生灵、生物……都是兄弟姐妹。这正是形成对所有的生灵表现出尊重和敬畏的非剥削原理的根本基础。

这种联系表现在大多的远古社会都具有强烈的土地认同感。这体现在许多传说中，人类本身即是从泥土、岩缝或树身中显现而出：例如在刚果雨林的木布提人（Mbuti）的传说中，第一个人就来自于一棵红木树，而普韦布洛印第安人（Pueblo Indians）则传说人是由"大地怀胎而生"。

实际上我们现今的语言仍然保持了这种认同，虽然我们已不再能意识到这种联系：印欧语（Indo-European）中的土地（*dh-ghem*），成为是拉丁语 *humanus*、古德语 *guman* 和古英语中 *guman* 的词根，这些都意味着"人"（human）。我可以想到的现今日常用语中唯一保留了这种情感的词汇是 *humus*（腐殖土）——利于万物生长的最富饶的有机土壤——虽然我们使用这个词汇时已不再有拉丁语意义中人和土地的联系。

• • •

非常自然但也非常重要的是在许多社会中，大地之神是一位女性，因为对于任何社会，大地和女性的繁殖力都是一件直观而明显的事情。这种现象直到最近都很常见，尤其在当男性的作用还不被人知，而女性的生育能力却令人惊叹和赞赏（同时也是非常必要）的时候，感觉就像大地会在春天中自己复苏一样。

8

7

地中海和近东地区的人们和古希腊人一样，把大地女神作为其精神结构的中心。将"母亲之神"作为圣灵供养，最早可追溯到公元前 25000 年的奥里格纳西（Aurignacian）文化；且挖掘出的耶莫文化（Jarmo，6800BC）、恰塔赫遇文化（Catal Hayuk，6500BC）、哈拉夫文化（Halaf，5000BC）、乌尔文化（Ur，4000BC）和以拦文化（Elam，3000BC）中，都显示出女性神祇，并很有可能和女性祭司一起，主导着早期的宗教活动。在苏美尔（Sumeria）文化中，女神纳姆（Nammu）是"降生天地的母亲"；在埃及伊希斯（Isis）文化中，她是"最古老的一个……，所有一切的起源"；在土耳其，女神阿里纳（Arinna）是最受尊崇的神祇，"没有其他神可高于或享有同样的荣光"；在巴比伦，伊西塔（Ishatar）是天堂的女王，"是宇宙女神，从混乱中带来和谐"。她也是弗里吉亚的西布莉（Cybele），腓尼基的阿斯塔特（Astarte），希伯来人的亚斯她录（Ashtoreth），叙利亚的亚瑟（Athar）。与她直接相应的神还出现在爱尔兰、因纽特（Innuit）、日本、易洛魁（Iroquois）、芬兰、印度卡西（Khasis），锡金的雷布查（the Lepcha of Sikkim）以及西非的塔伦西（Tallensi）文化中。

罗马作家卢修斯·阿普列乌斯（Lucius Apuleius），在公元 2 世纪以拟人方式这样写道：

> 我即是大自然，宇宙的母亲，所有事物的主人。我是时间最初的孩子，一切精神的主宰。我是死亡之神，亦是永久之神，是所有的神与女神的唯一展现。
>
> 我举手之间掌控着天堂的光芒、轻拂的海风，以及

之下悲伤沉默的世界。

虽然我有无数的名称，以各种不同的形式被祭祀、
崇拜，但整个世界崇尚的乃是真我。

古弗里吉亚人（Phrygians）称我为派斯纳提卡
（Pessinuntica），诸神之母；生于自己土地的雅典人，
称我为塞克罗皮亚·阿尔特弥斯（Cecropian Artemis）；
在塞浦路斯岛，我为帕福斯·阿芙罗狄蒂（Paphian
Aphrodite）；对于克里特岛的弓箭手，我为狄克廷那
（Dictynna）；对会三种语言的西西里人（Silicians）我
是斯提吉安·普罗斯培林（Stygian Prosperine）；对于
艾留西斯人（Eleusinians），我是古老的玉米之神。

有些人称我为女神朱诺（Juno），有些称我为战神
贝罗娜（Bellona），还有赫卡特（Hecate）、拉姆娜比
亚（Rhamnubia）。但晨光最先照耀在他们土地之上的
埃塞俄比亚人（Aethiopians）和擅长远古知识、以正
确方式祭拜我的埃及人才讲出我的真名——女王伊希斯
（Isis）。

盖娅女神的传统是如此强大，以至于其在宗教文化中的根源
可以追溯到两万年以前。所以公元前4500年左右入侵到地中海
的印欧文明，虽然在很多文化层面成功地移植了他们的价值观
念，但他们的男性神祇却不能取代盖娅的地位。男性神祇在希腊
神殿被去除之后，出现频率才开始明显增加，例如宙斯、阿多尼
斯（Adonis）等大约在公元前2000年才开始出现。但女性神祇
也并未被完全取代，即使在古代希伯来人时期。直到后来的犹太

教、基督教和伊斯兰教出现之后，才最终从该地区的宗教文化中成功有效地清除了大部分形式的女神崇拜。

10   即使男性一神论在地中海和欧洲大多地区取得胜利的时候，即使有各种抽象出来的天空崇拜的明显干扰，甚至在人类（男性）位置提升到生灵之首的时候，大地具有生命的观念也没有完全死去。尤其是在大多数人心中，不论信教与否。在大多数人心中，无关于文化或是所信仰的神祇，世界和它的组成部分始终被认为是具有生命、精神和目的的——有时可以被人类感知或识别，但更经常是未知的。在人们的心中，河流、海浪、云，还有风，明显是活着的，可以有所动作的树木、花草、火焰、闪电、雨雪也是，但即使是石头、土块和山脉也同样具有生命。历史学家莫里斯·伯曼（Morris Berman）这样写道：

> 直到科学革命的前夜，主导西方的是一种奇妙的自然观。岩石、树木、河流和云朵都被看作是神奇的、活着的生灵。人类在这样的环境里感觉就像在家一样。这样的宇宙，简而言之，是一个关于**归属**的场所。这个宇宙中的成员不是一个疏离的观察者，而是它直接的参与者，他的个人命运与宇宙的命运息息相关，也正是这种关系赋予了他生命的意义。

> 在整个人类历史中，从三万年前的部落开始，经过中世纪古典时期，直到四百年前左右，我们都认为自己是生存在一个具有生命的世界里。

> ···

当第一批从月球观看地球的照片被刊登出来时，古代盖娅的景象突然得到了重新的确认。毋庸置疑，地球从每一个角度看上去都像是一个活着的生灵。在广阔、荒芜的太空中除了有颜色且在运动，而且看上去似乎有目的的太阳之外，地球可以说是唯一的一个生灵，就像通过显微镜看到的某些有生命的细胞一样。

刘易斯·托马斯博士（Lewis Thomas），著名的生物学家和作家，是对这些照片表现出惊叹的人们中一位。在他令人大开眼界的《细胞生命礼赞》（*The Lives of a Cell*）中这样写道：

> 从月亮上看地球，最令人吃惊的是我们可以感觉地球是具有生命的。照片中的前景是干燥的、凹凸不平的月面，如同一块冰冷的骨头。而在空中，雾气中冉冉升起的，是明蓝的天穹下绿色的地球——在这一部分宇宙中唯一繁盛的星球。如果你可以看得足够久，你会看到飘移的云彩，在半隐半藏的大陆上拖过自己长长的阴影。如果你可以观察得更久，在地质年代的时光中，你会看到大陆板块自身的运动——在地下火山的作用下，地壳之间渐行渐远。地球看上去就像是一个有组织的、可以自我控制的生灵。

如果托马斯博士给它命名的话，应无疑会把它叫作"盖娅"。

2. 盖娅之遗弃

即使仁慈如盖娅，亦会有她的复仇。

大约公元前 1600 年到公元前 1000 年间，在爱琴海的岛屿和岸边，迈锡尼（Mycenaean）文明蓬勃发展，成为了荷马史诗中那些巨大的城市以及英雄时代的原型。但即使是荷马史诗也未能公正地反映出那些早期文明的复杂和辉煌。H. R. 特雷弗·罗珀（H. R. Trevor-Roper）这样写道：

> 诗人对所有的数字都加以夸大，无论是奴隶、英雄、金质的三脚鼎，还是牲畜的数量。但即使这样，他夸张过的数字与刻在迈锡尼碑石上的数目还是相形见绌。迈锡尼的领主们……比荷马史诗中特洛伊的英雄们……控制着更为富饶的物产、数目庞大的牲畜和奴隶。

那是一个精密、复杂的社会，有着文字记录以及发达的经济——迈锡尼文明的记录中列有近一百种不同的农业和产业分类；拥有可持续且繁荣发展的贸易和统治体系；拥有精美的建筑、广阔的土地、数目庞大的牲畜以及丰富的艺术及手工艺品。

从严格意义上讲迈锡尼人并非希腊人，但他们显然接纳了盖娅——希腊大地女神的概念，并继续着希腊人对她繁复的庆典，崇拜她的智慧、创造、性与繁殖。从文物中可以显示出迈锡尼的神庙（很可能由女性祭司层掌控）所崇敬的是她的土壤、她的产物、她的水域，以及慷慨、威严和女神的不可预测性。

但不知从哪里，因为何故，这一切开始瓦解。也许是源自于外因，源自于所谓欧洲草原的多里安人（Dorian）——或许就是男神崇拜的印欧人。艺术史学家文森特·斯库利（Vincent Scully）对此这样描述道：压制了"大地女神统治的古老观念，通过他们自己的天雷之神——宙斯而获取统治力量"并摧毁了"人与自然之间古老的、简单的、近乎安分守己的和谐"。瓦解的原因也可能来自于内部，来自颓靡和漫不经心。在迈锡尼文明后期，对自我文化的傲慢日益膨胀，就如同埃及人、波斯人、罗马人、西班牙人、托尔特克人（Toltecs）和现代的美国人一样。他们更关心的是剥削和统治，而非抚育及可持续性；更注重矿藏，而非土壤；更想要维护官僚主义和等级制度，而非生态系统和栖息之地。

不管是因为何种原因，盖娅时代的方式已被逐渐遗忘。迈锡尼人开始有计划地砍伐曾覆满地中海山坡上的冬青、柏树、橄榄树、松树以及梧桐，将其作为燃料和木材，用于出口和富人们的消费。砍伐后的山丘没有新的树木植入，开始逐渐塌陷。其表层的土壤和养分在地中海湍急的降雨中被冲刷殆尽，曾经肥沃的山坡沟壑遍布。那时，对山羊、牛、猪的饲养也已和绵羊一样普及，完全不顾及它们给乡村带来的多重影响。动物的蹄子摧毁了地表植被，踏实了土壤，它们除了草之外还啃噬树叶和嫩枝。但这些还不是最糟糕的，最糟糕的是牧民们甚至放火焚烧森林，从而为他们的牧群开辟出更多的土地。

14

破坏是迅速而彻底的，即使在七八个世纪后的柏拉图心中也同样地触目惊心。他这样写道："现存和过去相比，就像一个病人的骨架，所有的丰腴和松软的泥土都已荒芜，土地上只剩下光秃秃的框架。"

就这样，希腊的黑暗时代到来了。迈锡尼文明很明显地衰落了，不过只是在令人惊愕的、短暂的两个世代之内。在之后的五百年中（这是一段相对较长的时间，相当于从哥伦布到现在的时间），希腊遭受到自己贪婪的后果。大约有近90％的人口或死亡或迁移到北部和西部较为肥沃的土地。幸存者们生活在小规模的、零散的居住点中，在贫瘠的土地上勉强维持着贫困的生活。曾经繁荣的大城市衰退为小规模的村庄，甚至完全消失，爱琴海岸一片荒芜。此后，关于迈锡尼社会的文字记载不再出现，变成了口头传述的民间故事（其中一部分也成为了荷马史诗的由来），丰富的艺术传统变成了粗糙制作的传说。

迈锡尼文明高度繁荣之后不过一百年，爱琴海见证了一个苍白、可悲、粗鄙和人口锐减的时代，甚至再难以称之为"文明"。

· · ·

迈锡尼并非历史中唯一放弃了盖娅崇拜、忘记了来自盖娅训诫的文明。迈锡尼人因自己对生态的傲慢而受到了惨痛的教训，之后是罗马人，他们对地中海生态长年累月的侵害几乎可以说是罗马帝国崩溃的一个主要原因。还有苏美尔人（Sumerians），哈拉帕人（Harappans），玛雅人，中国的唐朝、汉朝，以及其他许许多多将他们对人的统治同样用于对自然统治的帝国，都被迫要面对这些不可避免的事实。

但没有一个社会对盖娅的遗弃，到达过文艺复兴之后欧洲的程度，而我们的今天则是那个繁盛时代的顶峰。"科学"这一学科随着发展，它的内容已被篡改。以前科学意味着各种各样的知识，而在欧洲，科学一词仅限于对一个分离的"自然世界"的研究。从 16 世纪开始，科学已成为知识和社会生活的主导。万物有灵论、所有对土地的崇拜及宗教几乎都被废黜，取而代之的是一个由无可辩驳的物理、化学、力学、天文学和数学发现支撑起来的崭新视角——一个科学的世界观。

这种新的认知提出——应该说比提出更进一步——它证明了地球、地球上的一切以及它之外的宇宙都依据着明确的、可计算的、不变的法则运行，而并非由任何有生命、有情感的生灵所控制。它证明了这些法则远非来自于神的创造或受到精神上的启发——而是可以被科学地测量、预测和复制，甚至可以被科学地操作和控制。它展示出宇宙中的所有物体，从最小的石头到地球本身，以至地球之外的星体，都是没有生命或目的，没有任何个体的灵魂、意志和精神，仅仅是一些化学和力学性质的组合。它明确地指出应该有两个而不是一个世界，一个外部的、机械的、毫无生气的世界，由没有感知的原子随机构成；和一个内在的人类世界，一个具有思想、目的和意识的世界。

用席勒的一个贴切的短语表达，它实现了"die Entgotterung der Natur"——对自然的"去神化"。

培根、笛卡尔、伽利略和牛顿，所有十六、十七世纪的科学先哲们，只在几代人的时间内就将过往沉积的万物有灵论之类的荒诞言论（这些言论在当时的欧洲仍占有一席之地）洗刷殆尽。经此之后，认为宇宙是有生命的，认为大地这样的死物具有和人类一样的精神则被视为是幼稚、天真和未开化的。如果要讲宇宙

16

的形象，它也不再是一个女神或是什么生灵，而是像牛顿所说的一个巨大的时钟，一个无限巨大的机器，它的诸多部件在一种有序、能动和机械的方式下运作。正如 17 世纪物理学家罗伯特·胡克（Robert Hooke）所说，科学革命使人类可以"发现自然界活动的秘密，几乎以我们对待技术成品相同的方式，按照车轮、发动机和弹簧一样管理起来"。如果上帝允许在其中有所作为的话（因为这些人都是名义上的基督徒），他的作用不过是这个时钟的上弦人——牛顿曾在 1730 年这样写道："对我来说似乎是可能的，上帝在最初将一切定形于结实、巨大、坚不可摧且可以移动的颗粒，形成这样不同的大小和形状、各种各样的性能以及空间比例，以最有益于这个他所创造的世界。"

缓慢且有力地，这种科学的思想模式呈现出持续的几何性增长，从而彻底改变了西方社会对自然和宇宙的态度。自然不再是美丽或恐怖的，而仅仅变成了存在。不必再祭拜或举行庆典，更经常的是被如何使用，被科学文化的所有才智和工具所使用——有时小心翼翼，有时竭尽全力。如果需要，会保有限度；如果可能，则无所顾忌地被人类，为人类所使用。

这样的说法太苛刻了吗？举一个欧洲开辟新世界的例子。新世界的发现正值科学兴起的时代，而民族国家（nation-state）更是对开发起到了推波助澜的作用。两大洲——就像是质朴的、具有无可想象光芒的珠宝，却仅仅被看作是容纳多余人口的空间、所需矿藏的存储地、将要大片砍伐的森林以及需要耕种的田地，只是除了开垦之外没有其他任何目的的未开发疆域。那些居住在这里的人们可被以体面的、适当的方式移走，因为他们只是一些猎人和觅食者，对"改善"这片土地没有任何作用，因此不会受到欧洲法律的保护。仅在一个世纪中，西班牙几乎洗劫了新世界的全部黄金，完全不管他们人为的破坏会带来什么样的影响；在一个半世纪里，那些可提供欧洲所需作物的土地都被无情地蹂躏，新大陆每年都要输入十万计的奴隶用于这些土地的耕种；而仅在半个世纪内，被称为"中西部皆伐"的大规模森林砍伐摧毁了十万英亩计的森林；只在不到两个世代中草原野牛几乎全部灭绝；这样令人惋惜的事例不胜枚举，但如果放眼世界这样的事例还会成倍地增加。

一般认为科学革命始于第一台成熟的复式显微镜——大约由 18 扎卡里亚·詹森（Zacharia Janssen）发明于 1590 年。这看起来是一个非常适宜的标志。宇宙中相互交织的关系、缀满星辰的神秘的天堂和神奇的季节交替——我们可以想象，早期社会或许正是从中得到了大地是具有生命的这样的观念。但现代科学的实验者们远离了这些思虑，他们采取向下看的方式，通过一个小小的可操作的仪器，来寻找最小的、最简单的组成形式。但这一景象中总是存在着一些困扰——尤其是当你意识到科学家们在使用显微镜时总是闭着一只眼睛的时候。随着显微镜的诞生，我们也许可以看到盖娅的死亡。

• • •

每个社会都有自己的传说和神话，以及自己的宇宙观。就像古希腊创造出盖娅这样一个人物，十六、十七世纪的欧洲则选择机械科学来作为自己的世界观。只是这些选择都并非偶然，总是事出有因。在思想史上和在技术发展史中一样，那些适应于当权者意愿的革新总是会被欣然接纳，而那些被认为没有用处的，则会被忽视。

例如在技术领域，在耶稣诞生前后，比詹姆斯·瓦特

(James Watt) 早了十八个世纪，亚历山大的希罗（Hero of Alexandria)就曾发明过一台蒸汽机。这台机器运行良好，甚至可用于打开当地一座神庙的大门。但并没有人想到要开发这个想法，希罗的这项革命性创新只沦落为埋没在笔记中草图。我们可以看到，当时地中海的当权者们并不需要这样一个装置，因为任何希罗的机器可以做到的繁重机械任务都可以由奴隶和侍从们做好。一直到十八世纪，因为英国禁止了奴隶的使用，从而迫使对机械动力的需求激剧增加，蒸汽动力的优点得到了充分的肯定，因而获得全体投资者和发明者的青睐和支持，这些最终使瓦特的蒸汽机趋于完善。这之后的发展也是国会议员和当地投资者们的一个有意识的决定——认可人们在众多的机械中对这种特殊的设备情有独钟，将其作为工业革命的主要驱动力来支持、推广。

同样，十七、十八世纪欧洲占据主导地位的人们之所以如此迅速和彻底地接受了科学的世界观，也是因为它可以充分、有效地满足他们的经济和政治需要。它为民族国家从地方封建主义中崛起、所选择的重商资本主义和工业资本主义制度，以及全球殖民主义和剥削的发展提供了知识上和实践机制上的支撑。

当然，这种相互关系远非如此简单，它的复杂性被不断地论述和提及，例如在托尼（Tawney）、怀特海（Whitehead）、沃勒斯坦（Wallerstein）、伯曼（Berman）、布罗代尔（Braudel）的论述及其他的学术资料中。但我们仍然可以比较容易地看到，新兴科学在某些方面具有被当时的权力者所欢迎的特征：对机械的、确凿的、可量化的、实用的、线性的和可分性的崇尚，替代了原来生物的、精神的、难以确定的、神秘的、循环的以及整体的概念。无论对于新兴民族主义（希望通过建立不变的法则来掌控世间的所有事物，认为世间事物均是可计量、可操作的对象），还是新兴资本主义（想监控唯物的、客观的市场，并开发、剥削新的殖民），科学思想所暗含的这些基本原则显然都非常地理想。

科学这种看待自然界的崭新方式（将自然看作是无生命的抽象体，为人类的目的，以人类行动为媒介对其控制和使用的方式），被欧洲文化作为自己的核心思想而欣然接纳。正如笛卡尔（Descartes）所指出"是自然的主人和拥有者"。这种方式将其从过去所有其他的社会形态中分离出来，终于把人类"合理地"放置于地球舞台的中心。

因此，正是这种科学的世界观给欧洲带来巨大的、几乎是难以想象的影响。远远超出任何实验室或工场里的发明创造。在强大后盾的推动、支撑和精心运作下，科学成为了一种认知能力，甚至是哲学。在短短的时间内不但渗透到所有的技术领域，而且几乎遍布所有的学术思想。在之后更成为最流行的思想以及日常生活的体现。

至今已有四个世纪了，一个思想的创新、解析机制，与强大的政治建设、成功的经济发展相辅相成，高度协同地结合在一起。随着一代代人，一个又一个世纪的更替，科学世界观的应用范围越来越广阔，越来越普遍。在今天，它几乎不用再面对任何挑战。实际上，我们几乎已经丧失了思考的能力——这种唯一可以用来挑战它的武器。

它塑造了我们的心理模式和感觉认知。

它是我们各种社会系统在实践和思想上的基础——包括医药、农业、通信、建筑、交通、教育，甚至艺术和娱乐。

它是我们经济的来源和支撑。在经济过程中我们可以利用所

20

21 有的科学、技术，为人类的目的获取地球资源，重塑地球面貌。直到最近，我们仍对萃取、转换、使用和处理我们宝贵商品所造成的生态破坏表现出无知无畏的态度。

它是我们政治系统中像网格一样的基础构成。无论是在东部、西部，还是其他所有的地方，政府所表现出的目的就是监督和控制那些带来物质增长和繁荣的科学技术，并不断积蓄武器来保护它们。

总而言之，它已成为我们的神。

• • •

那什么是这四个世纪中神祇交替所带来的结果呢？

必须在最开始就声明——想要摒弃科学，并非易事。虽然现今一些人认为科学带来了毁灭，因而谴责所有的科学，认为正是科学把我们领入、并使我们必须面对技术的迷宫，以及核的危险。而事实远比这复杂。我认为首先应该摒弃的是对科学的盲目崇拜。公平地讲，正是因为有了卫生、无线电报、免疫学和电力等相关知识（且如果没有核裂变、化学枯叶剂以及精神药物这些科技），这个世界才会变得更加美好。虽然大多时候我们确实没有智慧地使用我们的科学知识；而且对于我们以科学名义所做的事情，我们也几乎不知道它的最终结果，无论是有益的还是有害的。但是，我们依然不能因此而无视科学所取得的成就，无论它带来了多么高昂的代价。

然而这并不妨碍我们可以充分认识到西方科学的不足、失败以及内在的根本危机。随着盖娅的死亡，我们与自然关系的转变

22 是我们所面临的最严重的威胁。

对自然的操控会带来严重的后果。这并不仅仅是指对社会制度的影响——如法兰克福（Frankfurt）学派及其他学者们明确

指出"对自然的统治包含着对人类的统治"（霍克海默尔，Horkheimer），它最终还会带来威胁社会存续的生态灾难。科学技术的影响，特别是本世纪的飞机、汽车、计算机、卫星以及巨大的城市，在人和自然之间设置了遥远的心理距离。让人们生活、工作在一个与其效果隔绝的密封世界中，尽可能不用看到或领会他们的行为对环境所造成的影响。例如，越南那些远离喷洒过枯叶剂乡村的飞行员，远离拉夫运河埋藏物的胡克公司的化学家们，以及远离阿迪朗达克那濒临枯竭湖泊的俄亥俄山谷工厂的老板，等等。

但从这种分离感，到完全的狂妄——认为世上没有什么人能做，科学能做，却不该做的狂妄之间，不过只有最小一步的距离。以为自然世界的存在，根本上就是在为我们提供便利、提供舒适、为我们所使用。科罗拉多河的存在是为了向南加利福尼亚的人们和农场提供用水，只不过还需要修建一个大自然自己忘记修建的博尔德水坝；西北部的森林是为了提供木材，因为那些随意蔓延的城市郊区中日益增长的人口都需要拥有自己合法的房屋；哈德逊河有目的地流向大西洋，可以将人类产生的废物和工业毒素，如多氯联苯（PCBs）带走，远离人们的视线和思虑，流向大海。

如果现今我们把地球看作一个可被我们的化学剂品改变，可被我们的技术控制的静态的、中立的地区……如果我们认定自身物种的优越性，认为随着我们的意愿以及在对其他的"统治中"，自己有权利消灭数百种其他的种群……如果我们相信我们有能力去重新排列自然界中的原子以及重组基因，设计以我们自己发明的元素为动力的武器和机械，不管这些武器和器械可以永久性地

23

摧毁大部分生命……如果我们创造出会掠夺地球资源、污染地球系统和空气的技术，如果我们只为了自己的愿望而改变千万年来的进程……如果这些就是我们的今天的状态，这是因为在过去的四个世纪中，我们一点都不曾质疑过科学的宇宙观，而是几乎全盘地接受了它。我们无可逃避地成为了这场四百年实验的产物，这场将世界上下颠倒，并带来了现今危机的实验的产物。

但现在，我们可以看到这场危机所涉及的可怕范围，现在我们知道我们的科学可以以无数种方式摧毁地球，因此我们需要重新思考以前对科学观点的盲目接受，这将是我们义不容辞的责任。这并非说我们可以假装以某种方式除去西方科学的影响，或一笔抹去过去几个世纪开发出的科学方法和科学仪器。即使我们这样希望，也没有办法再把魔王收回到瓶子里了。因此，我们的任务并不是要根除科学，而是要将其收编；不是要摒弃它，而是要包含它；不是要无视它的能力，而是还要考虑到使用所造成的最终影响。这个任务是要把科学作为确实有效的工具，服务于另外一种目的——不再用于对自然的统治，而是对自然的保护。

但这种认知的转变将是艰难的，而时间却是紧迫的。

3. 危机

在生态学的语言——一种我们都有必要学习的语言中，岌岌可危的环境条件可被表述为以下几个辛辣的词汇："耗损"（drawdown），"过度耗损"（overshoot），"崩溃"（crash）和"消亡"（die-off）。

耗损是指一个生态系统中的优势物种对周边资源的消耗大于资源的再生，因此必须依靠某种形式的借贷来维系生存的过程。这些借贷或是从其他地方，或是从过去或将来的时段。对于我们，虽然关于资源耗损的事例不胜枚举，但最触目惊心还是要数化石燃料。在不过一百年的时间内我们已经消耗了大约80％的石炭纪埋藏——那些沉积了超过一亿年的石油、天然气和煤炭。更严重的是我们已然完全依赖于这样的状况。虽然现在还无法确定资源会在哪一天枯竭，但会发生这样的结果却是毋庸置疑的。

过度耗损是环境持续耗损的必然且不可逆转的结果。当一个生态系统对资源的消耗超过其承载能力，将无法使环境得以更新或恢复。这一现象因系统的不同而表现出多种形式，但一个最鲜明且在某些方面让人触动最深的就是复活节岛的事例。一千年前，当人们首次在复活节岛上定居时，岛上覆满森林，遍布着棕榈树以及当地一种矮小的槐树。在其64平方英里的范围内，具有文字记载的文化繁荣发展，并开发出高超的工程技巧——沿着复活节岛的海岸线竖立起那些著名的巨型石像。但不知为何，复活节岛上的人口增至近 4000 人。这显然会对植被形成持续耗损，整个岛上的树木尽遭砍伐，肥沃的土壤亦遭到毁坏。因此最终且不可避免地出现了对环境的过度耗损。之后极可能因为缺少适于种植食物的土地而发生冲突，进而引发战争和混乱。当库克（Cook）船长在 18 世纪 70 年代路过该岛时，岛上只剩下 630 人勉强维持着生计；而一百年后，只剩下了 155 人。

崩溃，就如同复活节岛的例子，指对环境的过度耗损而引发的后果——迫使种群数目急剧减少。一旦一个物种总数超出它所在环境的承载能力，就会出现资源匮乏。对此没有任何办法，只有等待物种总数一直减少到资源可得以恢复并可以维持下去的状态。著名的爱尔兰马铃薯饥馑就是一个这样例子。在一个多世纪内，一年一年，在英国不断地鼓励和支持下，爱尔兰形成了单一的饮食主体——几乎完全依赖于马铃薯。而在此期间爱尔兰的人口从 200 万增至 800 多万。而后在 1845 年，突然出现了一种寄生在马铃薯上的真菌，会在人们收获之前感染块茎，把马铃薯变成一种无法食用的黏稠状物体，从而引发了崩溃：在一个世代内，国家被摧毁，超过一半的人口或者死亡或者移民，而那些剩下的人口都陷入贫困，这样的状况一直持续了一个世纪之久。

消亡（die-off），或是它的最终形式——灭绝（die-out），是动物和植物学史上的一种常见现象，连渡渡鸟和旅鸽也没能逃过此劫。还有一个发生在日常生活中的鲜活案例，来自于将酵母菌放入葡萄酒桶的经验。酵母菌们从压碎的甜葡萄中获取养分，种群数目快速膨胀，作为一个物种可谓取得了巨大的成功。但它们却完全没有想这种对环境的耗损所带来的后果：不过在几个星期内，它们所产生的"污染物"——酒精和二氧化碳已充斥于它们的环境（当然这就是所谓的发酵），让它们无法再继续生存。由此而产生的崩溃（起码在酒桶里是这样的），则意味着急速的消亡和灭绝。

• • •

在这样一条生态轨迹上，我们可以在哪里找到现代的（即所谓理论上更为智慧的）人类呢？

传统的认识，特别是传统的制度以及政府机构，认为我们最多只是对少数几种，而并非全部的基本资源存在耗损。虽然工业以惊人的速度消耗着化石燃料，以及锌、锰、抹香鲸和地下水等等，但从近期看来似乎仍会保持充足的供应。而且在资源到达关键性的过度耗损点之前，科学技术也有可能会找到合适的替代品。此外，当代经济的过人之处还在于当商品发生稀缺时，它们的价格将会上涨，由此引导更多的人对其进行勘探、开发以及回收，从而有效提升它们的数量。除了少数个例之外，即使供应量极少，人们也不会放弃对任何地方的开发，这即是人类智慧的体现以及过去历史的证明。

生态学的认识始于 1972 年在斯德哥尔摩召开的具有开创性的联合国人类环境会议，自此开始稳步发展，且日渐令人信服。它提出我们需要更加谨慎。

以大家熟悉的化石燃料危机为例。根据世界观察研究所（World Watch Institute）提供的详细数据，即使对化石燃料保持目前的速度，而非加速耗损，用尽世界已探明储量不过只需要 37 年，而消耗尽理论上可采储量（theoretically recoverable reserves）不过只有 114 年。而且一旦发生能源紧缺，将会明显影响到依赖于化石燃料的这个工业世界的各个方面，不仅仅是对运输、供暖，而且对农业、制造业、商业的各种最基本要素，对整体经济结构都会造成严重影响。甚至在能源紧缺发生之前即会产生各种问题。因为一旦能源供应出现紧缺，或被市场认为将要如此，能源的价格就会飞速上涨。正如理查德·巴内特（Richard Barnet）在《荒年》（*The Lean Years*）中指出，"工业文明的危机很可能要远远早于供给的枯竭"。甚至在对环境的耗损还未到达过度的时候，即在痛苦的错位发生之前就可能造成影响。其后果就如同 20 世纪 70 年代的能源短缺一样，不仅仅是对经济，而是对社会和政治的每一方面都带来影响。

如果再加上其他被快速消耗的矿产资源，这一问题的涉及范围会更加明晰。实际上，即使以目前的（而非指数型的）使用率，按乐观的业内推算，铁、铝土矿、汞、锌、磷、铬、锰、镉、铀、锡、钨，或者还有铜和铅，都可能在四十年内用尽。

28　　　将出路寄托于科学之上——这种可使我们在异常短暂的时间内，有效地发现并消耗掉这些资源的方法——即使从简单的逻辑推理上也似乎是一个明显的错位。而在实际中或许也是同样错误的。在科学界有这样一种共识——发明的时代也许正趋于结束，近期的任务主要集中在对现有思想和技术的改进上，而不再致力于创新。但即使科学在未来半个世纪和在过往一样神奇，想要很快探寻到以上所有资源的替代品也是不太可能的。而且还必须是经济、高效、丰富且没有污染的替代品。而这一切的前提是不会产生新的问题——这点正是迄今为止的技术和产品中最为短缺的一项特质。正如戴维·埃伦费尔德（David Ehrenfeld）——罗格斯大学的生物学教授以及资深生态学家，在他详尽的《保护地球上的生命》（*Conserving Life on Earth*）中这样写道："对于产生各种生态问题，科学和技术可谓拥有悠久的历史。而解决问题的方案却不在科学自身——这样一个只会产生更多问题的结症却并没有给人留下深刻的印象。"

寄期望于良性的经济发展——正如赫尔曼·卡恩（Herman Kahn）等许多保守派思想家们所做的，似乎也没有比上面的逻辑好多少，特别当这个经济是建立在压榨、生产率和增长的概念之上时。毫无疑问，当对资源的耗损持续下去，被消耗的商品价格会有所上升，并最终促使供应商们认为在更困难的地区开展工作以及开采更多低质量的矿石，也是"经济"的。但即使这样，一个仍然无法解决的问题是，这些低质资源也是有限度的。没有任何教派保证过神会在地球上存满锌以及铝土矿，永远都不会用完。同时，这种想法也没有考虑到在越来越偏远的地区，开采日益稀缺资源的成本（能源及环境的成本）将会不断上升。能源成本的上升可能会远远超出商品自身的价格；而环境的风险，则很可能需要昂贵的监控成本或是干脆无法被社会所允许。

将希望寄托在节约上可能也同样错位。尽管全球工业系统可以调节控制一些资源的使用状况，但它也同时促进了一种几何性的增长，根本无法允许静止和平衡状态的存续。[①]这样的系统可以通过加强节约型产业建设（例如回收等），在一段时间内保持增长，但最终几何性增长的需求会超越储备资源。此外，回收并不能收回那些在使用过程中被破坏的资源（如汽油等），以及那些被掺入耐久性制品及结构中的材料。

① 虽对石油消费已采取了一些节约措施，但现今世界对石油的使用量仍和十年前保护开始时一样，而对各种化石燃料的消耗则是以指数比率增加。

因此，严峻的生态学观点认为，我们对资源的总体耗损已经到达了一个临界点。对于许多有价值的资源，甚至已经到达过度耗损的界点。但在当今世界还有许多其他形式的耗损，它们的表现形式则更加微妙：

• 产业化农业已有超过三十年的历史，大范围地无所顾忌地消耗着土壤、水以及矿质养分，耗尽了土地的肥力。现今必须依靠着大量的化石燃料、化学肥料以及农药来维持生产。

• 对地下水的耗损以及对脆弱的生态系统的过度使用——通常是由于过度放牧，导致了世界范围的沙漠化。联合国指出1982 年约有 65％的耕地变得干涸、贫瘠和不可使用。世界性的粮食减产很可能会于 21 世纪初期凸现。

• 对与人类关系密切物种的耗损——有意的（海洋捕捞、猎获动物的皮毛）和无意的（污染、水坝建设）耗损，使得它们的数量急剧减少。据推定，这些物种濒临灭绝的速度比地质年代中最具有破坏性的时期还要快一千倍。

• 在世界各地，城市化以惊人的速度不断发展。各地涌现出的巨大人口规模要远远超出该地区的土地承载能力，从而需要大量地耗损来自于其他地区的食物、水以及商品。

• 对森林的耗损，尤其是对热带雨林的破坏，已经扰乱了由光合作用带来的全球性的、重要的"呼吸"作用，很可能会过度耗损地球恢复大气中氧气含量的功能。

• 对地球自我清洁以及废弃物存储能力的实质性耗损，已严重威胁到全球空气、土地和水对污染的耐受性，许多地方已明显超越了临界点，很可能已经到达再也无法挽回的地步。

• 工业文明所累积的耗损很可能已影响到天气以及气候模

式，而且很可能已经无法恢复。这将迫使人类的居住形式及行为发生彻底改变，如果他们可以继续生存下去的话。

基于这些严峻思虑的生态学观点必然会是悲观的。通过大量的文献阅读，我发现这些观点基本认为，要想大规模地避免全球性灾难，就必须做出必要的改变，只是我们的时间已所剩无多。最典型的结论来自于麻省理工学院的一次学会——《严峻的环境问题研究》（*A Study of Critical Environmental Problems*）：

> 我们对环境的索取即将超出限度（其中一些生态学家认为我们已然超过限度），这种状况是极其危险的，将会导致人类文明的崩溃。很显然，在本世纪末之前，我们必须对人类之间，以及人类与自然之间的关系做出根本性的改变。而如果决定这样做的话，就必须从现在开始。

或如生态学家戴维·埃伦费尔德所说：

> 人类已经开始体验到全球性的生态环境恶化，在部分地区甚至已收到最初的警告……通过经济发展以及替代，并结合最新的勘探和开采技术，我们应该至少可将无可避免的原料危机推迟至二十世纪末期。而对自然界所造成的破坏，时间上已没有太多的宽限，前景也要更加黯淡。

或如堪萨斯州立大学学者、内容全面的《重置美国：能源、生态与共同体》（*Resettling America*：*Energy*，*Ecology*，*and Community*）的编著者盖里·科茨（Gary Coates）所说：

> 工业文明将被迫做出迅速的改变，从当前"如往常一样增长"的发展模式转向一个稳定的社会……这个巨大的文化转型必须在未来50至100年内实际完成。如果没有，我们将会经历一个历史性的转折，面对一个迄今未知的、充满暴力、痛苦以及毁灭的时代。

然后他又补充了末日的警告：

> 即使我们能从今天开始改变当前的趋势，我们也无法逃避这样一个史无前例的文化变革所带来的迷失、困惑和痛苦。

· · ·

即使这些悲观的学者以及他们众多的同僚（我可以列举出数百个），也仍认为我们还处于耗损的末期（或者是过度耗损的早期）。而其他的意见则更令人恐惧，他们认为在不知不觉中我们已处于崩溃的第一次阵痛。

例如威廉·卡顿（William Catton），华盛顿州立大学社会学教授，一本发人深省的生态分析著作——《过度耗损》（*Overshoot*）的作者认为，人类数量如此快速膨胀，惊人而大量地使用资源，因此"我们将面临崩溃"。"在不远的将来，将由自然界拉开工业文明破产的序幕，自然甚至会站在人类的对立面上，正如它在以前多次对那些繁荣扩张的腐生（detritus-consuming）

物种做过的一样。"

根据卡顿提出的"最具有真实性"的生态路径，现在工业生产的负荷早已超出地球的承载能力。在过去的一个世纪，凭借现有科学技术中所有的聪明才智，地球的承载能力不断提高。但在不久的将来，我们可以见到的只是更多同样的情景：更多的耗损以及更加脆弱的承载能力，一直到最后，发生人类再也无法恢复的崩溃。"成为了一种超级食腐生物"（super detritovores）的人类，以大量奢侈地消耗死物（例如化石燃料）为生。因此"人类注定不仅要面对继承，还要面对崩溃。"

只用一个例子就可以支撑这一结论。卡顿提出即使除去所有其他的有害后果，我们对化石燃料的耗损，也从根本上改变了地球上生物借以维系生命的氧气与碳的平衡。"通过亿万年的进化"，他写道，"才产生出我们所需要的富含氧气以及近乎无碳的大气"，而现在"人类似乎决心要在几个世纪内毁掉自然花费了漫长的时间所造就的一切。"我们将大自然安全埋藏于地下的碳挖掘出来，并释放到空气中。在不久的将来，我们会发现碳的含量将远远超出氧气。在最近的几十年中，大气中二氧化碳的含量急剧增加（在20世纪中已增长了40%以上）。同时，通过世界范围的森林砍伐（1950年时的存活树木已被砍伐了将近一半），我们正在销毁这些宝贵的生命形式，这些可通过光合作用吸收大气中的碳的生命形式。

因此，卡顿在书中临近结尾时说：

> 最后的章节并没有任何可以避免崩溃的神奇方法。
> 一点都没有，当过度耗损已然发生的时候。本书从根本

上不同于以往的生态学分析——这是一个不受欢迎的
事实。

卡顿并非独自为战。约翰·哈梅克（John Hamaker）也预
言了产业时代的人类（Homo Industrialus）所带来的生态灾难。
哈梅克原本是工程师，之后成为了生态学家。他是一本缜密充实
的纪实著作《文明的存续》（*The Survival of Civilization*）的
作者。这部书从事实角度提出，在这个方向上我们的希望渺茫。
哈梅克认为我们将是新冰河期的牺牲品。新的冰河期将彻底改变
地球的农业模式："有确凿的证据表明，至 1995 年温带将变为亚
北极区（subarctic zone），世界将不再能保证它的食品供应。"

确凿的证据源于古植物学和地质考察的结果，地球的冰河期
大约每 9 万年出现一次，而现在距离上一次恰好已经过了相同的
时间。由于人类对自然的各种耗损严重影响到地球的整体系统，
自然循环已变得更加剧烈，尤其是在两个方面。首先，由于产业
化农业、工程化的排水系统、过密的建筑以及过多的人口，导致
土壤的肥力和矿质养分尽将枯竭，土地所能支撑的植被和森林覆
盖也更为脆弱，更容易受到疾病、酸雨、火灾和虫害的影响。其
次，对化石燃料的过度使用大幅增加了大气中二氧化碳的含量，
因此脆弱的森林不再有曾经的吸收能力，甚至还以年年递增的速
度向大气中排放其自身自然产生的碳素。

这两个过程结合起来必然会产生第三个影响——热带地区著
名的"温室效应"。增加的二氧化碳吸收太阳的热量，造成显著
升温，（根据哈梅克所说）将会在两极产生巨大的、湿润的云层。
持续不断地降雪，使得这些最寒冷的区域更加远离阳光。其结果

就是，十年内我们将会面临冰河时期，其后果将是真正的毁灭。

冰川本身并不是威胁。大概需要 4 万年，冰川才能到达如美国这般遥远的南部。更危险的是各种气候变化的组合共同演化成潜在的威胁：温带的森林将死于不断增强的酸化作用、矿物质贫瘠、干旱以及火灾；温带的农田也会因为这些以及其他的原因而荒芜，尤其会受到温度变化所带来的影响。由于温度变化，世界上大多的农作物地带将会变得过于寒冷，不再适合谷物种植；在热带地区，农田因为干旱、过热以及过度使用而耗尽肥力；随着农田以及森林土壤的进一步荒芜，气候变化将更加剧烈，预计风速可增至每小时 100 英里以上；由于极地冰层的增厚，施于地层表壳的压力将进一步增大，导致火山喷发随处可见（因此也增加了更多的二氧化碳）；而水资源的匮乏将致使热带与温带均面临干涸。

哈梅克认为：

> 干旱，与冰川相比要常见许多，……再加上现今的土壤酸化，将会毁灭温带的所有植被。森林将在火焰中消失……至 2000 年，二氧化碳含量将至少提升 100 ppm（parts per million——百万分之一）。北极冰原将迅速扩展。冬季风暴将更加肆虐，而夏季将变得短暂、酷热而干燥。春季和秋季将会带来巨大的洪灾。

除非现在立即采取行动，哈梅克指出，"文明即将终结。"

如果可以驳回哈梅克这些前景黯淡的预言的话，将会给我们带来极大的安慰。然而令人失望的是，有许多证据可以支持这些

35

预言。事实上地震活动确实有所增加，20世纪70年代和80年代的地震相当于20年代和30年代的近十倍……在过去十年中火山活动以5%的惊人比例逐年递增……自1953年起，极地冰川不断扩大，逐渐向南部推进；20世纪50年代以来，极地含尘量已增长了100倍……来自火山和人类的有毒污染，其强度和范围都在不断扩展，有新的证据表明，除了已知的阿迪朗达克山脉以及加拿大等长期受害地区，绿山山脉、阿巴拉契亚山脉、南部的松树林以及整个北欧的森林都在逐年衰减……美国许多地区的土壤侵蚀都已达到最高纪录，据推算，整个温带地区每年贫瘠化的表层土壤达230亿吨，我们已付出了前所未有的代价……荒漠化在各大洲都有所增加，其中在非洲的增长最为明显、剧烈。而在北美，尤其是美国的西南部和墨西哥也同样显著。

虽然这些研究结果或不能引起重视，或被忽略，或不被人们相信，但也足以给人一种世界末日的感觉。所以不足为奇，哈梅克在汇集了这些数据后，真切地告诫他的科学界同僚们：

> 好好看看1984年的我们正在哪里吧。气候周期中1.8万年的位置（温暖的冰河间期大约出现在寒冷气候之前的1.5到2万年左右，1.8万年则意味着我们已接近温暖期的结束——译者注）。这是一个将在十年内毁灭的文明的写照。不要寄希望于造物主来拯救我们——是他将世界设置如此。如果我们太过愚蠢、贪婪，也还未足够开化，不能共同协力解决我们的问题，那就只有这样了——我们将面对死亡。

消亡，或许应该说是灭绝？

∵

我并不站在毁灭论的一边。

我不知道从耗损到消亡，人类到底位于这一进程的什么地方。人类向消亡迈进的沉重证据确实给我留下了深刻的印象。越来越多的证据表明重大的生态危机即将到来，否认这些证据无疑是愚蠢的。虽然有时对一个数字、假设或之类的事情提出质疑会带来一些慰藉，或是去寻找一个相反的证据来源、不同的专家，或是诋毁某一位教授的凭据，以及另一位的研究技术，等等。但这些并不能使我们逃避有关环境危机（这场人类社会将自己陷入其中的环境危机）的证据中那些坚石般的事实。

但是，我仍然不认为一个决意自杀和生态毁灭的物种不能在为时未晚的时候，被迫发现自己灾难性的路径，即使是仅仅源于本能的自我保护。我们应该相信盖娅。我相信让生活在大地之上的大多物种不至于自我毁灭应该是她的意愿。人类是一种非常灵巧、具有适应性、具有极大创造力和生产力的智能生物，而且具有高度的多感官知觉（multi-sense perception）以及基于语言的记忆，是可以接收和保存地球信息的一种独特生物。我认为从某种意义上讲，我们的生存对于盖娅是有用的。

是的，我们不能忘记恐龙。但我是固执的。现在，我更愿意相信它们的灭绝与它们不能适应新的气候或新的竞争者们无关，而是源于数百万年前，流星对地球的大规模轰炸。应该说是有什么事发生在盖娅身上，而不是她做了什么事情。

面对我们对于生态的这些荒诞行为，我的稍许安慰仅仅来自于——从某些角度来讲我们对盖娅是有用的，以及我们已掌握了

37

一定方法的信念。这种拯救现已处于困境的人类的方法，或者也可以称之为哲学，在为时未晚前为我们创造出一种生态的世界观，以替代使我们陷入险境的科学的世界观（或许应更准确地描述为工业科学的世界观）。

这种方法或是哲学，就是生物区域构想（the bioregional vision）。

第二部分
生物区域模式

我们不会停止探索
在所有的探寻结束之时
我们将回到起点
并将初次认知这个地方。

——T. S. 艾略特《小吉丁》
（T. S. Eliot，*Little Gidding*）

区域具有维护和融入不同人群的力量：古老的土地上充满着生生不息的生命所带来的整体力量。区域中的所有人都是区域存在的前提，而区域也维护着其中全部的人群。

——彼得·柏格《走向大陆议会》
（Peter Berg，*Amble Toward Continent Congress*）

4. 大地上的栖息者

　　爱尔兰作家 AE 以爱尔兰革命为背景撰写的《释义者》（*The Interpreters*）中有这样一段场景：一组囚犯，一群构成迥异的人们坐在一起讨论理想中的新世界应该是什么样子。其中一位哲学家提出了我们现今熟悉的世界构想，一个以全球、科学以及普世文化为基础的世界。而诗人拉维尔则极力反对这个构想，他试图指出世界越是发展技术性的上层建筑，越将远离它的自然之根。"如果所有的智慧都来自于外部，"他说道，"形成普世的文化也许是明智的。但我相信我们最有用的智慧并非来自于外部，而是来自于灵魂，它是大地精神的化身，是大地与它的栖息者直接的对话。"

　　其实并不难想象以另一种模式，替代现今将我们置于险境的工业科学观——这就是成为"大地上的栖息者"。

　　我们必须设法恢复古希腊人的精神，再次将地球作为一个具有生命的生灵，并创造出与盖娅崇拜等同的现代价值观。我们必须知道，在各种意义上，她都是神圣的。因此必须以神圣的方式 来对待她及她的作品，以一种敬畏、钦佩、尊敬和崇拜的方式，而绝不允许滥用或掠夺。我们必须明白我们只是她生物共同体的参与者，而不是凌驾于之上的主人。引用哲学家托马斯·贝瑞（Thomas Berry）一句生动的短语，就是"重新创造人类这一物种"。我们要将马克·吐温（Mark Twain）的一句话铭记在心中——人类不同于其他的动物，只是他们能够或是需要脸红。

但要成为大地的栖息者，重新学习盖娅的律法，重新全面而真实地了解地球的最关键的、或许也是唯一但同时又包罗万象的任务就是对地方（place）的了解——对我们直接居住、生活的特定地方的认知。我们脚下的土壤以及岩石的种类，我们饮用水的源泉，不同类别的风的含义，常见的昆虫、鸟类、哺乳动物、植物以及树木，季节的特定周期以及何时播种何时收获采集，这些都是我们必须要知道的事情。资源的极限、土地和水域的承载能力、哪里不可再承受负荷、哪里的物产可被最好地开发、所拥有的宝藏以及所要保留的珍藏，这些也都是我们必须要了解的事情。对于人类文化，对于那些生于此、长于此的原始居民的文化，对于那些受到当地地理环境影响，且适用于地理环境的社会和经济方式，无论是在城市还是乡村，都应该得到重视。

这些在本质上就是生物区域主义。

我不得不说"生物区域主义"并不是一个简单的词汇。的确，它有些复杂臃肿，大多数人都不能立刻领会到它的含义。但我相信它会成为一个容易接受的概念，而且一旦被理解后，将会非常有用，甚至颇具成效。所以值得应用于实际，以及花一些时间来详细地解释它的含义。

"生物区域主义"（bioregionalism）这个词汇中并没有什么太神秘的元素——bio（生物、生命）来自于希腊语，其含义是生命形式，如在 biology（生物学）和 biography（传记）中一样；region（区域）来自于拉丁语 regere，其含义是统治范围。所以"生物区域主义"这个词汇中并没有什么在经过片刻思考后，仍然很难以理解的内容——它是一种生命的区域，由其中的生命形式、地形和生物种群所定义，而不是由人来决定的地区；是由自然，而不是立法来管辖的区域。如果说这个概念最初带给我们一些奇怪的印象，这或许只能说明我们已远离了它所蕴含的智慧，而我们现在又是多么地需要这种智慧。

对于这个词汇的使用，还有一个令人信服的缘由。自从大约十多年前，作家彼得·柏格（Peter Berg）和生态学家雷蒙德·达斯曼（Raymond Dasmann）首次将这个词汇广泛传播之后——虽然不是很清楚是谁最先使用了这一词汇，但却是他们两个共同通过一个叫做行星鼓乐（Planet Drum）的组织，以及桀骜地称为《提升赌注》（*Raise the Stakes*）的一份报刊，将这个概念推向更为广阔的大众——它可谓是激发起了一场运动，虽然是一场相对温和的运动。至 1985 年，北美已有近 60 个组织将自己具体定义为生物区域以及新形态大陆组织，并成立了北美生物区域代表大会（the North American Bioregional Congress），以推进生物区域意识以及培育、联系各种生物区域组织。这些发展给予了这个词汇丰富的系谱和传承，以确保它在未来的进一步使用。

· · ·

我在之后的章节中将会更为全面地定义"生物区域主义"。但在最开始，通过以下的几个特点也可以对这一概念获得一些简 44 单的了解和感觉。

大地认知。我们也许不会像原始居民那样，对我们生活的土地以及它的资源有着详尽的了解。不会像他们那样仅对"雪"就有 40 个词汇，或是认识森林里的每一棵树。但我们中的任何一个人都可以在这片领域上行走，观察那里的生物。听到鸟鸣、看到瀑布以及动物的粪便；追循一条小溪一直流向江河；学会什么时候种植番茄、什么样的土壤适合种植芹菜，以及在哪里蓝莓会茁壮生长。再延伸向稍微复杂一些的层面，我们可以开发出一个地区资源调查清单，利用地区的森林信息来统计该地区的树木并绘制出地图；通过水文调查以确定水流、径流量以及水电站的位置；收集当地一年生和多年生食用植物的概况；了解每年的气候条件以及太阳、风和水能的全部潜力；研究人类土地利用模式以及最优安置地点。经过以上所有这些（这其中的许多都已经实现，只是还没有细致到生物区域的基准），我们才最终有可能带着一些自信来确定区域的承载能力。

现在这样，听起来有些像田园牧歌式的生活，我已经意识到了这一点。而且似乎也很难立刻看出怎样将这些转换为与城市相关的构成。①但每个城市都是区域的一部分，需要高度依赖于周边乡村的资源和市场，而且每一个城市都要建立在自然的基础上。而作为城市居民，对地域的了解则意味着要掌握城市与乡村之间贸易和资源依赖的细节，以及适应于区域承载能力的人口极限。同时也意味着对城市所在土地的自然潜能的进一步开发——虽然带有卫星城的巨大都市（conurbation）通过改道河流、砍伐森林、铺路以及将大部分动物都关进动物园等等，在很大程度上改变了自然，但它同时也开发出屋顶花园、太阳能、回收利用和城市造林等等新的可能性。

45

---

① 在这里有必要指出一个幻象。由人口普查以及其他机构的宣传所造成的一个幻象是，这个国家主要由城市组成。而实际上，它的大部分构成并非城市，并且继续朝着这一方向发展：大约有 1/3 人口甚至生活在中小城市之外（5 万及以上人口城市），其中，又有 1/3 强的人口生活在农村或没有自治组织的村庄。即使在所谓的"大都市区"，也有近 40% 的人口居住在真正的城市之外。

知识学习。每个地方都有自己的历史——关于这一地区人和自然双方的开发潜力的记录。这些必须以新的目光来进行考察和研究：就像植物学家韦斯·杰克逊（Wes Jackson）所说的，更需要发现，而不是发明。尽管不是每个地方都能将其历史保存完好，但如果我们善于挖掘，信息之泉依然存在。例如令人赞叹的狐火（Foxfire）书籍中，最近出版了一系列关于印第安知识以及其他口述历史和民俗知识的典藏。

很显然，我们并不希望或是能够像古人一般生活。但无论是从历史还是从人类学角度对他们行为和智慧的考察都表明，早期文化，尤其是那些扎根于大地的先祖们，他们知道许多我们现在正在学习的重要知识：例如草药的价值、烧荒的时间和方法、最大限度利用太阳能的房屋建造和选址，以及在部落决策中女性所发挥的常规性核心作用。这些历史有助于我们认识到，过去并非像那些"高能效高科技"的支持者们所试图表现的那样晦暗、艰苦和病态。E. F. 舒马赫（E. F. Schumacher）提醒我们，当现代世界"以一种我们称之为客观科学的非凡结构"来组织其思维时，它摒弃了人类两位伟大的老师——"大自然生生不息的卓越系统"以及我们借以了解自然的"人类传统智慧"。而现在正是矫正这一平衡的时候。

潜力开发。一旦我们对地区及地区中的各种可能都有了进一步的了解，生物区域模式的任务就是如何在区域范围内，充分发挥（仅受到逻辑以及生态原理的约束）所有生物和地质资源的特性，以最佳的方式实现这些潜能。对生物区域的充分开发将使其中的人们和共同体都得到全面发展，我们可以充分利用许多长期以来被忽视的方法以及未曾使用的智慧，并且还可以充分享受现

46

代科学技术所带来的各种便利。

自给自足的方式在区域层面的体现要远多于个人层面，因此自给自足也成为生物区域理念中的一个固有特性。我们可以想一想，有多少地区的人力和物力资源被浪费、被忽略或不被开发仅仅是因为这些地区看起来缺乏资源，从而只能依赖于外来的商品和服务。我们可以看到有多少地区的财富输出到遥远的银行或供给不在本地的业主，而不是灌溉自家的花园。如果一个地区仅是受到土地和生态承载力的约束，它所有的资金、设施、股票以及才智都可以得到充分发挥，那么我们可以想象这将会有怎样的效果。

自我解放。生物区域主义同时意味着，随着区域的发展，个人潜力也被不断开发。其主要表现在以下两个方面。

一方面，许多（目前来自于外部的）对个人自由和选择的限制将有所减少或消除。例如那些疏离、冷漠的市场力量，疏远的政府和官僚机构，隐藏于幕后，却控制着消费者选择的公司企业等等。在生物区域模式中，经济和政治机遇都会有所增加。同时，贴近土地的生活，也会使人与共同体的联系更加紧密，从而充分享有合作、参与、联谊、互惠等有助于个人发展的社群主义价值。

47　　另一方面，充分了解自然界的特性，并与它建立起日常的、物理性的联系，会生成一种统一感，也就是先祖们所体验过的根深蒂固的"根"的感觉。"根植"，就如同哲学家西蒙娜·韦伊（Simone Weil）所敏锐指出的，"也许是人类灵魂最重要，但也最不被认知的一种需求"。而且从历史中也可以清晰地看到，那些最了解大自然在食品、能源、居住以及技术方面给予我们馈赠的人们，也是可以最好地利用自然的人们。他们比那些缺乏同样技能的人们可以得到更好的繁荣和发展。

认知、学习、开发、解放，这些都是生物区域理念中的一些核心进程。它们的影响是深远而复杂的，我们将会在以后的章节中进一步展开探讨。

• • •

显然，生物区域主义既是非常简单的，同时也是非常复杂的。

非常简单，是因为它所有的构成都呈现在那里，没有任何隐藏，就在我们的周边，就是我们生活居住的地方。我们也知道，其他一些人（古代的，或是用我们的话说那些单纯的人们）是了解这些事物的，并且以这种简单的方式生活了许多个世纪。因此，发现并描述出生物区域社会的基本信息应该并不困难。现今在我们之中，也仍有许多长者知道一些我们祖先的智慧，而现代生态学原理中的一些科学的方法，则可以帮助我们构建起生物区域知识中的其他部分。

非常复杂是因为它与现今看待世界的传统方式大不相同，它在最开始必然会使大多数的人们感到震惊。或被认为有太多的局限或太过于地方，或被认为是古雅怀旧，或是天真的乌托邦，或被简单地认定为不恰当，或是以上所有这些。这些其实都不足为奇，我们必须要直面这些困难。

显然，要我们的工业社会开始放弃控制的方式，不再以全球一致的名义来重塑世界，这需要在态度上经历一个相当大的转变。在此之后我们才能意识到，也许所谓的"地方性"仅仅是在条件允许的情况下，以"关注自己事业"的目光来关注地区重建，而这种方式或许还有机会可以拯救这个世界。

48

49 这将还需要一些时间才能让人们认识到，充分了解"地区"，既非怀旧也不是空想中的乌托邦，而是每个人每一天都可以参与的、一种现实的状态。它具有直接的以及实践中的机会，可以遏制现今的各种浪费以及不计后果的鲁莽行为。

同时，这也需要广泛的以及具有说服力的教育让人们意识到，不恰当的并非生物区域模式，而恰恰是所有主要工业国家的所有主要部门"如往常一样"的企业政策。这些国家的部门中没有一个将生态救赎放在显著优先的地位，也没有一个准备放弃或是削弱一些将我们置于险境的工业经济模式。

它将需要耐心地引导人们超越自己对自然界的恐惧以及挥之不去的仇恨。这些恐惧和仇恨来自于人们对大自然的无知。要引导人们将盖娅作为一种极其宝贵的生灵实体而心怀感恩，认识到她的行为是一种合理的自动平衡，虽然有时猛烈且不可预测，但最终是仁慈的，并以维系生命为目的。[①]

请大家理解：我并没有低估事态的复杂性。但我确信，通过生物区域的目标、哲学理念以及进程，我们可以创造一个不仅仅是为我们的物种得以延续而必要的世界，而同时也是一个令人向往的、可实现的世界。

· · ·

盖娅众多的女儿中最先出世的是忒弥斯，她被委任掌管自然

---

① 举一个我们对自然存在一种普遍恐惧的例子。刘易斯·托马斯博士（Dr. Lewis Thomas）曾经提起过这个社会对疾病以及细菌的共同偏执，认为"我们生活在一个总是被微生物侵害的世界里。微生物总试图将我们从一个个细胞开始撕碎，我们必须非常谨慎才能在这样的恐惧中得以存活"。而实际上，他指出，疾病以及致病性在自然界中"并非常态"，"考虑到细菌在地球上的庞大群体，疾病的发生其实非常罕见，所涉及的物种也相对较少。这是一种非常奇异的现象"。

法则。通过对这些法则的认真学习，我们才能更好地引导自己，重新建立起一个生物区域意义上的人类社会。的确，自然法则有时看似混乱，而且相互矛盾，即使是花费了毕生心血的专家们有时也难以达成一致结论。所以我们必须要小心谨慎地对待这项工作。

但通过较为广泛的文献阅读，我吃惊地发现，至少对于盖娅律法的概括以及对人居环境和系统发展的总体方向，似乎是有一个广泛共识的。同时，我还吃惊地发现，达成这一相似结论的研究者的构成背景异常广泛：有生态学家和建筑师，有政治学家和 50 经济学家，有社会学家和自然主义者，还有作家和规划者。其中的一些人小心地"避开政治"，一些则是坦率的保守派，还有不少自由主义者以及少量的分权主义者和地方主义者。我认为从他们过去几代人的努力中可以推断出，他们构建一个生态世界的核心指导思想即为生物区域模式。

当然，这样一种模式几乎在每个方面都与工业科学模式形成鲜明的对比。我将在以下几章中对其细节进行较为详细的分析。但在分析的开始，从这两种模式的简单对比中亦可清晰地看出二者的不同。

当然这其中的关系是复杂的，且相互重叠、相互连接，这些在表中都比较难得以体现。在之后的章节中，我将按照表中的顺序，聚焦于有组织的文明都具有的规模、经济、政体和社会这四 51 个基本要素，更为细致地对这些概念以及它们之间的联系展开分析。希望以此全面地描绘出，或许可以让我们成为"大地上的栖息者"的生物区域模式。

50

	生物区域模式	工业化科学模式
规模	区域 社区/共同体	州 国家/世界
经济	保护 稳定 自给自足 合作	开发/剥削 改变/发展 世界经济 竞争
政体	分权化 互补性 多样性	中央集权化 等级性 一致性
社会	共生 进化 分工	极化 增长/暴力 单一化

5. 规模

不久前，我应邀到一所著名大学的哲学系参加了一个名为"对应环境威胁的道德反应"（Ethical Responses to Environmental Threats）或类似题目的研讨会。会议中我被迫聆听了数篇冗长而乏味的论文，讲述对全球饥饿、濒危物种以及资源枯竭等现象应有的正确道德反应。看得出听众中许多人和我一样对这些论述感到莫名其妙。在提问阶段有几个人质疑发言者：为什么可以指望人们是有道德的呢？当他们中的大多数并不能理解这些事情与他们的生活有什么紧密联系，也不能看到自己的个人行为对这些事情有什么样影响的时候，怎么能够期盼他们会有道德反应呢？而且，什么该是我对日本猎杀濒危白鲸的"道德反应"呢？即使我碰巧知道这件事，但这与伦理道德又有什么关系呢？如果我觉得这样做非常不好，或是去抗议，或是去抵制丰田，这样做是具有了更多还是更少的道德呢？而这些对于日本渔业又会有怎样的影响呢？这些从事渔业的人们是否应该对他们的职业有一些"道德反应"呢？他们能否从对他们猎物的保护中看出道德的情分呢？为什么许多环境问题——例如，给饥饿的人们 提供更多的食物或是开发出更多的太阳能设备以取代化石燃料，等等，这些原本更接近于实践方法的问题，却在呼吁人们的道德立场？

发言者对这样的反应似乎也很困惑。他们皱起眉头微笑之后，又回到之前的"理应""应该"和"正确的行为"上——如果猎杀濒危物种或造成大气污染是"错误的"，人们就不应该这样做，也应该被教导不能这样做，因为这是道德沦丧的表现。但很显然，大多数听众仍很难被他们的论述所说服。

这时，或许有些鲁莽，我也介入了话题。我指出这并非是一个道德问题，而是一个关于规模的问题。并没有什么成功的方法可以教导或是强迫大家的道德观，或确保对什么事情做出正确的道德反应。唯一让人们表现出负责任或"正确行为"的方法是他们被说服要具体地看待问题，了解到自己和它们的直接连接——而这一点只有在有限的规模内，只有在政府和社会力量仍然清晰可辨且容易被理解的层次才能做到。因为在这样的范围内人与人之间的关系是密切的，并且个人行动的影响也是可以看到的；在这样的范围内，"抽象"和"无形"让位于"这里"和"现在"、"所见"和"所感"、"真实"和"已知"。在这样的情况下，人们会选择对于环境"正确"的事情，并不是因为它被认为是道德的，而是因为实际状况需要他们这样做。而这些条件在全球范围是无法成立的，甚至在一个大陆或是国家范围内也不能实现，因为人类是一种渺小且具有局限性的动物，只能看到一小部分世界，也只能带有局限性地明白该如何在其中行动。

我认为，规模可以解决许多哲学家们无法解决的抽象的以及理论性的问题。它尤其可以解决"对环境威胁的反应"。因此，这将不再是一个高深的学术问题。只有在区域范围内，生态意识才可能被挖掘和开发——才可以让其中的人们看到他们也是导致环境变化的原因。在这样的范围内，所有的生态问题都不再与哲学和道德境界相关，而是由个人来直接处理。如果其他条件相同，人们并不会污染和损害他们借以为生的自然系统，只要他们可以直接看到将会发生的事情；如果他们明白什么是宝贵、必要且重要的，他们也不会主动耗尽那些存在于他们脚下，或是眼前的资源；也不会杀死那些在他们看来对生态系统运作有帮助的物种。在生物区域范围内，当他们以盖娅的眼睛来看，以盖娅的意识来感知时，也就不用再担心对周边世界深奥而无用的"道德反应"了。①

我之所以从规模、尺度这样的概念开始讨论生物区域模式，是因为我认为从根本上讲，规模是人类所有构成中（无论是建筑、系统或是社会）最关键且具有决定性的因素。无论哪一种人类智慧，如果它们太小或是太大（后者的情况可能会更普遍一些），即使其他方面都很完美，也不会获得成功，就好像一扇门，如果太小将难以从中通过；而如果是门把手，太大则难以使用。如果一个经济体过小，连居民的居住和饮食也难以提供的话，则一定会失败。而如果一个政府过大，无法被其所有公民了解，并可以定期影响它的行动的话，也注定会失败。

只有在合适的规模下，人类的潜力才能得以释放，人类的理解力才能得以增强，人类的成就才可能成倍增加。我认为最优规

55

---

① 我知道许多人看起来在主动破坏他们的环境——日本捕鲸人正把他们所需的鲸类赶尽杀绝，在奥加拉蓄水层上种植小麦的农民，也正在抽光他们要借以维持农场的地下水，还有其他被加勒特·哈丁（Garrett Hardin）描述为"共有的悲剧"中（the tragedy of the commons）那些短视的人们。但这些人并非生活在生物区域的规模中，他们是以经济的方式，而不是以生态的方式来认识这个世界。而且他们通常还服务于外部的、远程的经济力量，而这些外部力量是完全不考虑当地特定环境的，所以乐于为着自己直接的财务收益而耗尽这些资源，完全不在乎在长期会造成怎样的破坏和影响。

模即是生物区域规模，不会因为过小而贫乏无力，也不会因为过大而显得笨重迟钝，生物区域是人类潜能与生态现状相匹配的一种规模。

· · ·

在理解盖娅的法则时，显然很难明确应该把什么置于首位。但在涉及规模时，这样的第一法则应该不会有什么太大的问题——即地球表面并不是以人工而是以自然区域构成的。这些区域虽然在尺寸上相差很大，但比起那些国与国之间的差异，还是要小许多。

这样的自然区域即指生物区域——依据盖娅所创造的特性——已知的自然定义而成。它是由自然特性（而非人类指令）而划定的较为粗糙的边界。通过特定属性的植物、动物、水、气候、土壤、地貌以及在这些特性基础上生成的人类居住和文化，与其他地区间形成区别。这些区域之间的边界通常并不严格（大自然的创造总是灵活多变的），但在一点生态知识的帮助下，想要识别这些区域的大致轮廓却并不困难。实际上，这些地区的轮廓可以被大多地区居民所普遍感知、或明了，特别是那些最接近土地的农场主、牧场主、猎人、渔民、旅行者、林农、生态学家、植物学家，以及仍与其古代文化保持着联系的印第安部落（这一点主要指美国）——许多世纪以来，这些部落都将大地视为神圣的存在，并将它的福祉作为首要之务。

关于生物区域构成的一个相当有趣的事情是，通过对自然分布模式的详尽分析——通过专家们认真绘制的地形省（physiographic provinces）、自然植被、土壤分布、林带分布、气候类型、河流系统、土地利用变化以及其他所有的自然特征地图，我们将看到一些几乎（几乎，这是很恰当的词汇）有组织的结构。

我们可以发现生物区域并不只是一些大小不同的地区，而是经常可以观察到像套盒一样，一个套着一个，并依据某些显性自然特征，从大到小构建出的一个复杂的分布结构。

这是一件非常错综复杂的事情，但如果我们从最大的生物区域开始逐步向小推进，我们还是可以摸索到一些关于这个神奇的结构模式的大致思路。

生态区（Ecoregion）。生态区是最广阔的自然区域。因依据原生植被及土壤的主要特性划分而成，所以称之为生态区。它可以是一个总括几十万平方英里的巨大区域（在美国，通常会涵盖好几个州），其外围轮廓在很大程度上取决于自然发展最成熟和稳定时期的树木及草类分布状况。在这一规模，区域边界可能是最不准确的，但在北美大陆，仍可以识别出近四十个这样的生态区。

奥扎克高原就是一个很好的例子。它占地约 5.5 万平方英里，呈圆形，高于周边地区大约 2000 英尺，由密苏里、密西西比和阿肯色河清晰地划分出它的界限。其以橡木和胡桃木为主的天然林与南部的松林以及西部的高秆草原形成显著区别，它的石灰质和硅质土壤也明显不同于东部的非石灰质沉积层以及南部、西部的砂岩和页岩。索诺拉沙漠也是一个很好的例子。其干旱、像硬刷子一般的地形绵延持续了大约 10 万平方英里，从内华达山脉南麓和莫哈维沙漠沿着加利福尼亚湾向南，一直延伸到索诺拉河及锡那罗亚森林的北部。索诺拉沙漠也因为其特有的植被而区别于其他地区，如石炭酸灌木、巨人柱仙人掌、卡敦仙人掌、荷荷巴、铁木和白色的豚草；当地的动物有大角羊、叉角羚及甘贝尔鹌鹑；其气候干燥、炎热，每年只有旱、雨两季。

57

地理区（Georegion）。在一个大的生态区内，可能会分为几个较小的具有自我特性的生物区域。这些地区主要依据河流谷地、流向以及山脉等清晰的地形特征区分而成，也经常由一些特有的动植物特征来加以区别。其中水域——主要河流系统的流向和流域，是一个非常明显的地理区，比其余大多的地理区都更易于区分。河流水系中的动植物经常具有该地区的特点，而人们的居住和经济也通常与该河流密切相关。

例如在奥扎克生态区内，白河流域形成了一个从空中俯瞰时清晰可辨的独立的地理区。围绕着其主要湖泊——海狸湖、岩湖、公牛浅滩和诺福克湖的大多数生物群，和生态区中其他地区的生物都有所不同，虽然有时差别较为微弱。加州的中央谷形成了北加州生态区中另一个清晰可辨的地理区。中央谷郁郁葱葱，沿着萨克拉门托和圣华金河，横亘两万平方英里左右。在农业产业经营占据优势之前，那里的野生动物有鸭子、鹅、天鹅、途乐麋鹿（tule elk）、秃鹰、丛林狼、灰熊和羚羊，与该地印第安部落（因其独特性而）认知的种类完全相同；而且它的气候以及植被也使得它与同一生态区内的沿海森林、塞拉利昂山麓，以及克拉马斯山脉颇为不同。

形态区（Morphoregion）。最后，在某些地区，地理区会分解为一连串面积约为几千平方英里的较小区域。这些区域的划分主要依据地表独特的生命形式，以及形成这些特征的特殊的土地利用方式，如城镇和城市、矿山和工厂、农田和农场等。以河流为例，从源头到入海口，其水流特征会不断发生明显的变化，人类活动也会随之发生改变，从而顺着河流形成不同的人类文化以及农业生产方式。

康涅狄格河流域就是一个很好的例子。它是绿山与白山山脉之间的一个绵长而肥沃的地理区，从加拿大向南一直延伸至长岛海峡。虽然它明显属于一个完整的流域，但在中间却有几个显著的变化：在北方，康涅狄格河域穿越佛蒙特州和新罕布什尔州的丘陵地带，被接近河道的森林植被所挤压，形成的流域较为狭窄，因此人们的居住规模较小，且分布零散；在马萨诸塞州的迪尔菲尔德河下游，丘陵和森林逐步远离，河谷逐渐扩宽，河的两岸散布着生产奶产品、烟草和蔬菜的农场，同时沿河还形成了几个较大的城市；最后，当康涅狄格河行至米德尔敦那坚硬、难行的梅束麦西克山麓时，山坡再次变得陡峭，岸边密布森林，所以直至赛布鲁克港的盐水镇，鲜有人居住。

· · ·

显然，对于生物区域的识别并非一件简单的事情，但对于任何愿意观察的人们，生物区域的大致轮廓还是比较清晰的。谁也不会认错索诺拉沙漠或是奥扎克高原。而且，在生物区域发展的现阶段，相较于精细且固定不变的区划，或许尊重盖娅所设计的大致轮廓要更加重要。生物区域的边界几乎在任何情况下都是不明确的，因为我们所面对的是大自然柔软、灵活的行事方式。没有谁可以告诉蓍草或是羔螭奥扎克高原的确切边界，也没有谁能够把可爱的亮丝鹩限制在索诺拉低地的精准范围内。同时，保持模糊的界线还具有一个优势——虽然有悖于固定不定的科学原理，但对生物区域边界的文化混合和相互融合却具有着推动作用，也有利于弱化由刚性边界所经常引发的占有及防御，并且可以约束人们将自己的意志强加于大自然的倾向。

此外，最终确定适宜的生物区域边界（以及应该如何认真对待）的任务应该转交给该地区的居民——这片土地的栖息者们，他们对于自己的土地最为了解。其实这并不是什么深奥难懂的事情，实际上，对大地的充分理解，在大多与土地保持密切联系的史前社会中都是一个普遍共存的构成。

这一点可以从印第安人最初定居于北美大陆的事例中清晰地看到。因为他们要依靠土地为生，因此依据不同的土地形式而形成了多种多样的生活方式，其分布形式较为明显地遵循着我们今日所认定的生物区域范围。

以沿着东海岸居住，讲阿尔冈昆语（Algonkian）的部落集群为例。在欧洲侵略者到来之前，他们居住于从圣劳伦斯湾附近直至切萨皮克湾的区域内，非常接近于生物区域学家所认定的东北硬木生态区。其主要植被有桦树、榉树以及针叶树；土壤主要为灰壤和蓝色的灰化土壤，年降雨量为四十五至四十七英寸，7月份最高，1月份最低。在这个大的语言群落中包含有十几个部落，许多世纪以来，他们维持着相对的独立，其部落范围与我们认定的地理区大致相同。例如，彭纳库克族（Pennacook）生活在梅里马克河流域，马萨诸塞族（Massachuset）生活在在马萨诸塞湾周边，蒙托克联盟（Montauk confederacy）占据了长岛的大部分地区，莫希干族（Mahican）沿着哈德逊河流域，从尚普兰湖一直延伸到卡茨基尔，等等，与此相似的分布模式还有很多。而部落或语言亚族（subtribes or subgroups）的分布则与形态区范围大致相同，这些较小的区域也仍与地理形态保持一致。在纳拉甘西特湾地理区，沿东海岸和萨康尼特入海口的万帕诺亚格人（Wampanoag）是以海为生的部落，而他们的近亲，栖息于海湾的其他部分，直至黑石河的纳拉甘西族（Narragansets）

则是依赖河流为生的部落。这些独特性来自于土地的独特形式， 61
因为每个部落都需要依赖土地来维持生计。

看起来这些东部的阿尔冈昆人对土地的认知，与现代的生态
学家们所了解的（或许应该说所公布的）大致相同。这些真正的
大地栖息者们可以称得上是早期、无意识的生物区域学家。

还有一个关于美国印第安部落以生物区域范围分布、生活的
进一步证明，即 19 世纪和 20 世纪初期美国政府与部落首领们签
订的正式的定居点条约。在由这些条约（这些条约被无耻地破坏
了多次的事实，在本书中暂不涉及）所形成的地图上，虽然不是
很完美，但仍可以很容易地看出，原始部落曾经宣称为自己家园
的领土与美洲大陆各种生物区域间的惊人相似。例如在北美大平
原上，堪萨斯印第安人的条约界限主要依据堪萨斯河的大部分流
域；波尼人（Pawnee）似乎留守在沿普拉特河的矮秆草原生物区；
而奥萨格人（Osage）的范围则大致等同于奥扎克高原等等。

我认为没有什么可以比这种一致性更好地说明生物区域主义
的根基了。没有什么可以展现得更清楚，生物区域主义并非一个
深奥或怪异的想法，也不是当代不切实际的改革家们所空想出来
的一种设计，而是从那些最了解大自然的古老文化中继承而来的
一个概念。这也是为什么我认为，最终确定生物区域的边界以及
关于它的各种规模的任务可以放心地交给生活在那里的人们，只
需要确保他们可以不断地增强对生物区域的意识和情感。这将使
他们能够学习和探索周边的环境，划定或在需要的情况下重新划
定可以舒适生活的区域，并重新调整、确立与之相符的居住以及 62
组织方式。

• • •

　　下面是关于规模的盖娅第二法则，与较小的生活网络集合（区域中的人类自然居住区）——群落（群落/共同体，communities）密切相关。所有生物都可以划分为各种群落，虽然在规模、复杂性、发展程度和稳定性上各不相同，但群落无处不在，存在于每一个生态位（econiche）中。如果想要找到一个构成生态世界的基本单元的话，那就会是群落。

　　对于生态学家来讲，群落是作为一个整体与栖息地相适应、基本上可自给自足、并自我持续的不同物种的集合。其中也许只包含较少的物种，例如在贫瘠的北极地区，那里只有简单的微生物占据着主导地位。但也可能包含有成千上万的物种，例如在温暖的温带森林里，据称一英亩内有近 5 万只脊椎动物、66.2 万只蚂蚁、37.2 万只蜘蛛、9 万只蚯蚓、4.5 万只白蚁、1.9 万只蜗牛、8900 万只螨虫，2800 万只跳虫（collembola）以及 5000磅，至少包含有 2000 种类别的植物。

　　其实，对于群落的地理范围以及生物总量并没有什么明确的限制，但对它们的一般制限也不可避免地影响到群落的结构和规模。对于一个群落最重要的是广泛意义上的能量：首先要有能量的生产者（植物）、消费者（从真菌直到食肉动物）和分解者（从微生物到白蚁），之后它们之间必须存在某种循环的平衡，从而使系统能够成功地维持下去。如果其中某一类生物超常使用能量，其变化最终会影响到其他所有物种，并可能会导致一个新的群落结构产生。例如当高大的遮荫植物在一小片树林中占据了主导地位，从阳光和土壤中获取到额外的能量，那么就会使某些中等高度的植物不再能够获得充足的、由光合作用所产生的能量；但同时，也会使其他许多耐阴的植物在它们的脚下扎根，并茁壮

63

成长。此外，由（气候和养分等）任何物种都必须适应的区域特征而建立起来的制限也是存在的。例如淡水鱼不能在涨潮时会带来盐分的界限下繁殖，而灰熊总是栖息在林木最繁茂的地带，因为那里有丰富的鱼类以及其他的小型猎物。

群落，有界限的群落，并不是由生物学家捏造、由生态学家和强加于我们的一个抽象的论述。它是一个地区中可以观察到的现实，和各种功能一样真实——就如同我透过窗户所看到的夏天的景象——大黄蜂在给胡瓜授粉，白蚁吃掉了死去的树木，小溪中的青蛙在捕捉昆虫，而铜斑蛇又吃掉了青蛙。当然动植物们不会意识到自己是相关生态有机体的一个组成部分，也不会因为夏天来临，或是胡瓜没有开花，而坐下来找出调整它们共同和谐发展的办法。但它们之间的相互作用、相互联系和依存都是真实的，就好像已被不可改变地编入法典，并必须强制执行。毕竟，这就是它们的生活方式，不折不扣就是这样的方式。

人类也是同样的，依赖于群落生活。一方面通过群落与周边物种相互作用，以获取生活必需品；另一方面则是纯粹的人类群落，在其中逐步形成自己独特的社会形态。对于自克罗马侬人（Cro-Magnons）以来，总数超出一千亿的人类，微生物学家勒内·杜博斯（René Dubos）指出，"他们中的绝大多数，终其一生只生活在非常小的集团内……很少超出几百人。行为的决定因素，尤其是社会关系的决定因素，就这样几千年来一直在小集团中演化发展。"尽管在一些地方也有所显现，但即使现在，群落也没有消失。著名的人类学家乔治·彼得·默多克（George Peter Murdoch）在历尽十年详尽的跨文化调查之后指出，群落制度出现于"每一个已知的人类社会"。在世界的任何地方，都

64

没有单独或孤立生活的家庭——"在每一处相邻的地区，由于种种关系的相互联系，至少会将一些相邻的家庭组合成为一个较大的社会群体。"

关于人类群落的规模，有着大量的信息。我在其他相关研究中曾深入到一些细节，所以可以这么说，贯穿整个历史，无论在哪一洲，无论怎样的气候、文化及特性，人类这种动物似乎青睐于以 500—1000 人的集群，作为他们的基本村落或是关系紧密的居住区，并以 5000—10000 人作为较大的部落或是扩展集群。只有很少的集群可以超过这个规模，例如各种帝国的首都城市。但即使这些城市通常也难以维持一个世纪，就会缩减到较小的规模，就好像什么力量使得大城市具有不稳定以及不可持续的倾向，从而使人们更青睐于那些更适合自己有限能力的小规模居住区。

虽然我们不得不提及巨型城市，但这是产业时代人类（Homo industrialus）的一个较新的现象（首次达到百万的城市是 19 世纪 20 年代的伦敦）。而且这些巨型城市是在巨大的社会、政治以及货币成本的基础上，通过极其复杂以及越来越不稳定的支持系统的勉力支撑，才得以持续这么长久。从长期来看，巨型城市很可能仅仅是一个不具有持续性的实验。它违反了人类以及生物的自然法则，不可能安全地运转下去，起码在我们现今的规模下是不可行的。

毫无疑问，一个百万人口的城市，甚至五十万人口的城市都极有可能超越了生态平衡点，超越了依靠自身资源自我维持的可能。城市，特别是现代工业城市，就像是殖民者一样，通过强大的泵力系统汲取周围国家，以及周边世界的活力。无论对于自身范围还是周边地区，都早已超越了它们的承载能力。据计算，一个百万人口的城市每天需要 9500 吨化石燃料、2000 吨食品、625000 吨水以及 31500 吨氧气，并要排出 500000 吨污水、28500吨的二氧化碳，以及其他大量的固态、液态和气态废物。总而言之，现代高楼林立的城市就像是一个生态寄生虫，从其他地方汲取养分以维持自己的生机，又像是生态病原体一样不断地送返自己产生的废物。

相较之下，小规模的群落历来在利用能源、回收废弃物、降低耗损以及适应环境承载力方面颇具成效。我认为，这一规模上运行着一种在其他规模下或许无法实现的、无意识的智慧：在这种有限的规模下，社会感应最易被接受，反馈系统以及信息回路也最为有效，决策机制也最具有竞争力和适应性。而且，这一规模也被证明是最易和谐解决社会问题的规模，最有益于变化及随机性的存续，可最大数量地以较为亲近的方式了解他人，并可最有益地保留"群体中的自我意识"。这种小型群落可以持续几千年，并非出于偶然或是神圣的法令，而是因为它是从经验中得出的最有效的生存形式。

66

• • •

生物区域就像是一幅镶嵌而成的图案，从逻辑上以群落（共同体）为基本构成，具有如我们想象中一般特定、成熟、复杂的结构。其中每一部分都有着自己的特征及精神表现，但每一个也都与相邻地区有着某些共同性。虽然最终镶嵌而成的形式是生物区域（无论是生态区、地理区还是形态区），其力量、凝聚力、色彩和亮度，都来自不同群落的共同构成。

这种镶嵌而成的生物区域的本质，由一部畅销世界的英国文献——《生存蓝图》（*A Blueprint for Survival*）的作者们在十多年前提出：

> 虽然我们相信小的群落应该是社会的基本单位，而且每个群落也应该尽可能地实现自给自足，并应以自我为中心，但我们需要强调的是，我们并不认为这些群落是内向性、自恋或以任何方式阻断与其余世界联系的。生态的基本感知——例如一切事物之间的相互联系、生态进程以及破坏所产生的深远影响，这些都应该影响到群落的决策，因此，所有群落之间必须存在一个有效的、敏感的交流网络。

这样运行在一个或多个生物区域层面的网络，实际上是一个我们在日常生活中经常见到的其他网络——蚁丘、蜂巢、鱼群、鸟群的适度放大，并通过盖娅设定的那些最适宜我们去做的事情（收集、整理、处理、存储以及利用信息），与我们联系在一起。

6. 经济

爱德华·戈德史密斯（Edward Goldsmith），一位挑战传统的英国斗士，一份尖锐的英国学术杂志《生态学家》（*The Ecologist*）的编辑，在几年前提出了两个"生态动力学"（ecodynamics）法则，期望可以以此抵制更为熟悉的热力学法则。他指出，热力学假设的根本问题在于它们是由封闭系统推导而出，也基本上只适用于封闭系统，如蒸汽机等。所以当应用于一个开放系统，例如生物圈时，则很可能会产生严重的误导。他表示，在"现实世界"的生命系统中，没有任何明显的熵定律的迹象可寻——表明能量被不断地消耗、转化，复杂的系统不断简化并趋向于无序。实际上，生机勃勃的生物圈不断地从外界接收新的能量（来自太阳的热量、月球的引力、宇宙中的辐射等等），在漫长的岁月中，基本上所有的指征都更加趋向于复杂和多样：

> 在这个星球上，生命大约起源于 30 亿年之前，（仅到一万年前为止）世界一直朝着复杂、多样和稳定的方向发展……**展现出与在熵定律之下截然相反的表现形式。**

戈德史密斯建议关于现实世界的法则最好可以这样表述：

1. 生态动力学第一定律：保存（Conservation）是行为的基

本目标……重要的不仅仅是保存和维护的行为，而是组织结构……对于激烈的环境变化的适宜反映是反抗和扭转，而不是去接纳它们……一切生命都在设法保存它们的信息、组织结构以及行为。

2. 生态动力学的第二定律："自然系统逐步趋向于稳定"，并非向无序，或是"熵"增加的方向，而是趋向于巅峰：

一旦到达巅峰，系统就会停止增长……任何超过巅峰状态的增长都不是生态方式的增长，因为要违反生物圈的基本法则才能得以实现——而这将带来生物圈的解体，从而偏离最优组织结构……巅峰必须符合生态平衡。①

如果经济要成为以生物区域为基础的经济，从逻辑上应该这样开始：首先，生物区域经济，会选择保护而不是消耗自然，适应环境而不是试图利用或操纵环境，不仅仅要保护资源还要保护自然系统以及自然世界中的各种关系；第二，要建立起一个稳定的生产、交换方式，不再选择一个总是在不断变化、依赖于不断增长不断消费的社会手段，服务于所谓的"进步"——一个即使存在也不过是一场虚幻的女神。换句话说，与现今不同，经济将与生态保持一致，就像它们都曾源于同一个希腊词根——*oikos*（家庭）。经济需要同生态联系、契合在一起，与生态完全兼容。

因此，作为基本特性，这个经济所依赖的商品数量将会最

---

① 需要强调的是，巅峰状态并非是静止不变的，在几年或几十年中，无论渐进的自然过程还是突发性的自然破坏，都可能带来变化，迫使物种做出调整。但它始终是一个由生态系统主导的完善成熟的状态。在其中，变化被最好地接纳，从长期角度可实现混乱的最小化。

少，对环境的破坏也会最小，并将最大程度地利用可再生资源以及人类的劳动和智慧。对于能源，显然要依靠适用于该地区的各种太阳能发电形式；对于运输，要依靠人力机械、电动汽车、电车，以及鼓励步行和自行车的居住模式；对于农业，要依靠有机农业和病虫害管理，以实现常年混养、水产养殖、永续农业、以及由大量温室为补充的适应于季节和地区的食品市场；对于工业，要依靠当地的手工业者及工匠而非工厂生产，采用天然材料以及无污染的生产过程，强调质量和耐久性，等等。这个系统的目标是在所有方面，在所有的过程中，减少能源和资源的使用，减少生产和"产量"，奖励节约和循环利用，将人口和商品库存维持在一个基本不变和平衡的水准上。这个系统的目标不是增长，而是可持续发展。

这样的经济，尽管与现在的经济运行方式相差较大，但却并非是难以想象的。实际上近年来，有许多学者对它的运作方式进行了大量的介绍。这些学者们主要致力于"软能源路径"（soft-energy paths）、"保护"、"生态意识"，以及渐渐被称之为"稳态"经济（"steady-state" economy）的运作系统。当然，他们不一定是生物区域主义者，但他们以自己的方式展示出，生态敏感对于重建经济稳定性和持久性的重要作用。其中最早也是最有见地的一位，赫尔曼·E. 戴利（Herman E. Daly），美国路易斯安那州立大学的经济学教授，对这种联系这样表述道： 70

> 稳态经济是一种适宜于物理及生物科学的经济模式——同有机体一样，地球也可以近似为一个稳态的开放系统。那么，为什么我们的经济不能这样近似呢？至少

在它的形体及产品的物理层面？经济学家们从很久以前就有忽视物理层面的倾向，他们将注意力集中在价值上。但实际上，财富虽以价值来计量，但也并不能因此而消除它的物理层面。经济学家们可以继续价值最大化，价值也可能永远增长，但价值所具有的物理形体必须顺应一种稳定状态，并且对价值增长的物理稳定性的约束也应该是严格的，以及受到尊重的。

总而言之，即使经济学家们，当他们晚上回到家里，也必须生活在现实、且具有持久性的物理世界里。

而且在深夜，在放下他们的计量经济分析和劳动理论之后，他们很可能会反思那些物理上的制约——由盖娅所创造的现实，并反问自己：如果经济学是一种对地球资源进行分配及使用的科学，其中的所有——世界万物，无一例外都是从一个有限的生物圈中派生出来的，那么它为什么会生成一个要将这些资源都耗尽的系统呢？

• • •

我可以理解人们可能会对建立在保护和稳定之上的生物区域经济有一些担忧，觉得它意味着令人恐惧的物质剥夺，将会使我们失去所有的物质利益，回归到"从手到嘴"的状态——要生活在洞穴里，以采摘浆果为生。我将把复杂的反论留给那些更合适的人们，其中有杰出的稳态经济学家肯尼思·博尔丁（Kenneth Boulding）、E. J. 密山（E. J. Mishan）、尼古拉斯·乔治斯库·洛根（Nicholas Georgescu-Roegen）以及 E. F. 舒马赫，相关作品的完整列表附录在本书的结尾。我可以保证他们已经建立了（除去那些选择性失明之外）可应对一切吹毛求疵的研究成果。但在这里，我们还是有必要简单地研究一下不可避免的"生活水准"问题以及对生物区域未来景象的展望。

让我们从这样的前提开始思考：显然我们不能再以鲁莽的资源耗损、无所顾忌的发展这些传统方式来衡量生活水准，我们必须以其他指标开始重新思考。我们将以清洁的空气而非高档汽车，将以健康的、无化学添加的食物而不是超市方便的冷冻食品，将以自主的工作场所而不是丰厚的资薪，将以每天没有通勤高峰、电视广告以及垃圾邮件等来重新衡量。这些事情是不能由传统的国民生产总值（GNP，称其为 gross——粗俗的——确实很贴切）来测量的，但它们并不是没有价值，实际上对于许多人来讲，它们是主要的价值所在。而这些在任何合理的估算中，也都被认为是生活标准的一部分。生物区域经济必须是劳动密集型而非能源密集型的，由此它可以提供更多的工作岗位。它必须生产出更多的耐久性商品以减少废物的产生，因此它更注重质量而不是数量。它必须减少对空气、水和食品的污染，因而将会大幅度改善公众健康。它必须消除经济增长所固有的通货膨胀，因此会使收入、支出和整个货币体系更加稳定。我认为生物区域系统的价值，对于每一个人都是显而易见的，它具有通常的经济核算体系所不可想象的价值。

此外，将其他所有的事情放在一边，仅仅是因为不能达到目前的生活水准（即使这个水准同时伴随着高度的不平等和不稳定性），就对一个未来的经济系统不屑一顾的行为无疑是疯狂的。我一点也不否认，通过 20 世纪的耗损，产生了生态学家称之为繁盛期（bloom，指不同寻常的快速增长期，生态系统迅速发展，大量地使用能源以支撑第一阶段的消费者）的巨大的、奢华的实例——在美国创造的物质社会，是世界上最繁荣的物质社会之一。但正如几乎所有的学者所认识到的一样，我们过度地、榨取性地、不同寻常且不可持续地使用了世界的资源——当今资源的大约30％—40％仅仅支持着世界上6％的人口。

而且尽管在某些方面有着明显的涓滴效应（trickle-down effects），它也不是能给大多数人口带来收益的繁盛期。据官方以及从官方流出的数据显示，大约有3500万—5000万美国人生活在严重的贫困和饥饿之中；几十年来，最富有的1/5美国家庭拥有超过40％的国民收入（在1980年这一数字为41％）；而只有一半家庭的净资产可以超过4000美元；上层5％的人口拥有这个国家整整的一半财富，而底层的25％却什么都没有或是陷于债务之中。

这是一个奢华和不公平的繁盛期。在我看来，其实并没有多么珍贵和必要，需要我们去坚守，去维护它的不变。我也看不出它有多么明显的均衡性和有效性，以至使其他任何合理的替代都不值得考虑。

尤其是当这些选项中的一个可以向我们提供许多其他的东西时。

· · ·

从生态动力学的两个法则中还可以推导出一个规则，一个像氧气一般存在于生态圈的固有规则，也是自然界最基本、最优雅的准则——自给自足（self-sufficiency）。它是生物圈及其所有的生态系统实现资源保护和稳定等中心任务的基本方式。这也是为什么长期稳态平衡且不断演化的自然趋向于自律、自立、自强的原因。

让我们以一个成熟健康的生态系统来举例说明。它的能量来源应是直接的且可再生的，资源利用水平应是可持续的，废物和碎屑可在不产生破坏的状态下重返大地。在一种必要却可能是无意识的相互依赖之下，不同的物种以及环境联系在一起，可以很快地适应各种不同层面的改变。来自外部或非系统的作用力通常会被发觉并被否决，所以系统内的生物总数维持稳定，且系统内各物种的数量水平保持在一个动态平衡的状态。这个系统还抵御各种内部及外部力量，即使是那些理论上看起来善意的、试图使生物区域超越其界限发展或诱导其超出极限的力量。这样才是一个自给自足的、成熟稳定的系统。

　　非常有趣的是（而且或许也并非偶然），以上描述在许多方面都适用于大多数的部落和史前社会。成功的早期社会迫于需要，必须保持自给自足状态，这几乎成为早期社会的定义。因为如果它们不能实现自给自足，也就无法生存和维持下去。在漫长的岁月中，这些早期社会所发展出的制度也同样具有对环境的自力更生、自我调节的适应性、自我中心的独立性，以及自我限制的可持续性。

74

　　自然界里，在一个物种或是小的群落里通常不容易看到自给自足的状况，因为在这样的层次中，相互依存才是最基本的原则：比如蜂窝虽然可以说是独立自主的，但其实它的存在要完全依赖于周边的树木、鲜花以及其他的天然材料。但在生态系统这样的层次上，自给自足却是一种常态，因为在这一层次有足够丰富的生物数量以维持物种之间有效的相互作用，也有足够宽阔的领域以获得维持生存的资源。

　　同样的规则似乎也适用于人类社会的自给自足。毋庸置疑，一个千人群落也可能开拓出自己的生活空间——虽然要依赖于各种动物植物，但却可以和其他人类社会完全隔离开来；单独的个体也可以在边远地区永远孤立地度过隐士一般的生活，这也被称为自给自足。但要实现一种全面的、丰富的以及发达成熟的生活——不仅仅是丰富的物质和社会交流，同时也具有文化发展的可能——则显然需要一个更加宽广的范围。例如，要想达到可以有各种各样的食物，一些可供挑选的必需品、一些复杂精致的奢侈品，以及支撑一所大学、一家大型医院和一个交响乐团的人口，那么一个完整的形态区（morpho-region）则似乎是必要的。

75

在北美或其他地区（除去那些受到残酷践踏的非洲及亚洲的某些特例之外），几乎任何一个可以想象的生物区域都拥有丰富的资源，足以提供稳定且令人满意的生活，虽然在丰富性以及辉煌程度上可能会存在着较大的差异。当然在美国，即使是在地理区（georegional）的层面上，如果仅从自然禀赋来看，也没有一个生物区域可以为其居民提供完备的粮食、能源、住房、衣物以及他们自己的健康护理、教育艺术、产业和工艺。每个地区都需要学会适应它们的自然环境，依据现有的资源来开发各地区的能源（例如在落基山脉要利用风力，在新英格兰要利用水利，在西北则要利用木材），种植适于当地气候和土壤的食物，利用当地的矿产矿石、木材皮革、布匹纱线等来发展其工艺和产业。如果生物区域缺少某种材料或是矿产，而且无法在区域内实现回收利用的再循环，那么就只有依赖于人类的灵感——那些总会在时间和时机需要的时候出现的妙想。例如在第二次世界大战时期，当来自国外的橡胶供应受到威胁时，美国政府学会了从曾经被忽视的西南部沙漠的银胶菊中获取橡胶的方法。需求是发明之母，而自给自足则可以说是发明的祖母。

可以肯定的是调整也是必须的，一些生物区域必须磨练自身，做出重大的改变，从他们现在杂食及贪吃的习惯中脱离出来：例如，缺少柑橘的地区需要从其他来源寻找维生素 C，牧区要向水果和蔬菜种植多元化发展，木材输入区需要转向泥砖，塑料进口地区需要转向玻璃（在这块大陆上沙子随处可见）、或当地的木材、橡胶等替代品。在现实中，替代比我们通常设想的要容易许多。近年来，许多学者都致力于替代物品的寻找，尤其是对那些贵重且基本不能再生的金属，如汞、铜、镍、锌、镉和锡。而在替代品不能很快找到时，对现有元素的回收利用也可以使它们在很长一段时间内保持充足的供应。在美国，大量的铅、铁、铜、镍、锑、汞和铝已通过完备的流程，实现了从废料中的资源再生。而如果有明显的需求，我们还可以做得更多更好。

· · ·

这些调整并不需要做得很突然、很艰辛或是具有剥夺性，它们可在充分了解生物区域蕴藏和供给的基础上，精心规划设计而成。这些调整远非剥夺，远非要使人们陷入贫困。即使是资源最贫瘠的生物区域，在长期也可以通过审慎而深思熟虑的自给自足政策，在健康的经济中获益。其理由是多方面的：

1. 自给自足的生物区域在经济上将会更加稳定，对投资、生产和销售亦会有更好的控制，因此将远离由远程市场力量和政治危机所带来的（繁荣—萧条的）市场周期。而它的居民，对市场和资源都有详尽的了解，能够以最有效的方式分配他们的产品和劳动，以最安全的速度，在需要的地方建设、开发自己的所需。可以在没有极端波动的情况下控制其货币供应及货币价值，而且在必要时，可以较为容易地调整以上所有过程。

2. 自给自足的生物区域不会隶属于遥远的、无法控制的国家官僚机构或跨国公司，从而受制于政治家和财阀们的突发奇想或是贪欲。不会卷入全球贸易的旋涡，远离由依赖而产生的脆弱性——例如欧佩克国家将石油价格翻了两番时，依赖于石油的西方世界所感受到的巨大痛苦，以及那些非西方世界国家日常经历的痛楚。

3. 直白地说，一个自给自足的生物区域，会比一个广泛依赖于贸易的地区更加富饶，即使是相对于那些在贸易平衡中处于有利地位的地区。这部分源自于，在生物区域经济中没有哪一部分需要致力于应对进口。而进口，即使对于像美国这样的工业国家也会是沉重的负担（虽然我们竭尽全力，但在过去 15 年中也依然没有逃离严重的贸易赤字）。而对于那些严重依赖于进口的国家，如英国、巴西、墨西哥以及大多数非工业的第三世界国家，进口正在耗尽这些国家的财力。还有一部分源自企业可以专注于自己的市场，着手于简·雅各布斯（Jane Jacobs）所提出的"进口替代"策略——一个随着经济和创造性的乘数效应使经济所有领域受益的过程。同时也是源于，生物区域不需要在一个任何商品都具有的至关重要的成本——在很多情况下甚至是最主要的成本——运输成本上有所花费。

4. 一个自给自足的生物区域可以掌控自己的货币，因此可以及时接收到经济运行中的反馈，并可以避免那些困扰着大多数地区（货币在很大程度上由外部控制的地区）的结构性缺陷。此外，地方货币可以保持稳定，且基本不受通货膨胀的影响（尤其在有累积税率阻止囤积的时候），可用以支持摇摇欲坠的产业或服务，通常也可被限制在区域内以鼓励再投资以及防止资本外逃。

5. 最后，一个自给自足的生物区域将会更加健康，一方面可以享受更加高效的经济，另一方面也可以避免其他经济体所需要的巨额治疗费用。它不仅可以远离工业化所带来的慢性疾病——癌症、缺血性心脏病、糖尿病、憩室炎（diverticulitis）、龋齿——这些已知会随着国民生产总值同步增长的疾病，而且还可使我们免受那些现已被视作理所当然的毒素的侵害。例如在当地种植和销售的食品，将不再需要喷洒化学制品以使它们看上去更加诱人或是延长它们的保质期，也不必在储藏时添加杀虫剂和灭鼠剂，也不再需要用聚合物和塑料等来处理、包装。此外，由于它们更加新鲜，所以也更有营养。

关于自给自足，还有一个明显的益处。虽然我有些犹豫能否应把它归类于严格的经济范畴之内（尽管它给任何健全的经济体都会带来明显的效益）。自给自足将会培养出更具有凝聚力、更加自我中心、自我关注的民众，具有成熟的共同体情感、友谊、以及自豪感和弹性——这些来自于一个人的能力、控制力、稳定性和独立性。正如艾米莉·狄金森（Emily Dickinson）所言，"相反的事情无法导致这样的繁荣，因其源自于内部。"

· · ·

我有必要在自己被严重误解之前加以说明，自给自足并不等同于隔离，也不意味着自始至终都要摒除所有种类的贸易。自给自足并不需要与外界联系，但在严格的限制下——必须是在非依赖性、非货币、且无损害的条件下——与外界的联系也是被允许的。而且在一个领域，还是被支持和鼓励的。

对于知识，是没有任何屏障的，试图对知识构建屏障无疑是一种愚蠢的行为。事实上，恰恰是自给自足的社会最需要从外部获取信息——有关新技术、新发明、新材料和新设计，以及有关科学、技术、文化、政治和其他所有创新的信息。保证社会能力、满足社会需求的最好方式即是伸开触角，对来自外部的思想保持敏感和开放。

但生物区域世界的想法与现今正规化的思想存在着很大的区别。关于全球、或单一文化、或半球的话题都与自我中心的生物区域没有任何关联。自我中心的生物区域所需要的，是关于它所居住环境的特定信息和经验。这些经验不一定会来自于那些邻近的生物区域，因为它们具有不同的特点，甚至有可能不会来自于同一大陆上的其他生物区域。但世界上一定会有一些地区具有某些相似的生态条件，从而可以成为理想的交流及分享思路的伙伴。在一个尝试过各种相关试验、获取了大量信息的多样化的且自给自足的世界里，一定可以找到许多这样理想的合作伙伴。

即使在现在这个时代也存在着生物区域交流的有趣事例。在得克萨斯州的奥斯汀（有一个生物区域组织——最大潜能建筑研究中心（the Center for Maximum Potential Building Systems），其更为熟知的名称为 Max's Pot。研究中心最近正在试图开发在奥斯汀附近科罗拉多河生物区域草原上繁茂生长的牧豆树（mesquite）的应用价值。这些牧豆树遍布当地，以至于人们常常定期地把它们当作灌木和杂草一般清除掉。Max's Pot 的人们已经知道牧豆树的质地极其坚硬，是胡桃木和橡木的两倍，且其密度接近于乌木，但他们被牧豆树长得如同纤细的灌木一般的形状所困扰，因为它们不具备（通常适于销售的木材那样）长直的树干和枝杈。

作为生物区域运动的先锋，Max's Pot 的创始人普林尼·菲斯克三世（Pliny Fisk III）决定去寻找是否还有其他地区也生长着牧豆树，以及那里的人们是如何使用牧豆树的。菲斯克这样叙述道："通过搜寻，我们发现了两个姊妹生物区域：阿根廷及乌拉圭的潘帕斯草原。"

在这些生物区域中，牧豆树被广泛地用于镶木地板。许多与这种板材生产相关的工厂，规模都相对较小，由五至七名员工组成。虽然生产能力看似很小，但实际在阿根廷所生产的牧豆树地板已近似于我们这个生物区域中地毯的使用总量。我们现在正在研究这种（由我们的生态邻居所发现的）技术及其规模效应，以确定这种技术是否对我们也同样有用。同时，我们也愿意分享我们研发出的科技成果——将牧豆树的木屑制成保温砌块，以及如何使用便携式木炭窑将牧豆树废料变为高热量的清洁能源。

自给自足——或是在这个例子里，对自给自足的思考，可以引发远超出生物区域自身的有益交流。这种交流并不会带来混乱或是妥协，反而会增强自力更生的能力。

• • •

接下来，几乎是很自然的，我们可以得出将生态动力学两大定律联系在一起的另一个准则——合作原则（the principle of cooperation）。

通过自我调节，自然系统趋向于保存和稳定。创造和谐而非混乱，趋向于平衡而非动荡——在这样的关系的建立中，盖娅的作用是显而易见的。成功的生态系统需要它的诸多部分组合在一

81

起和谐运转，并随着时间的推移不断规范、不断强化之间的联系。正如《生态学家》（*The Ecologist*）的编辑爱德华·戈德史密斯（Edward Goldsmith）所说：

> 它们必须相互合作以满足它们所在系统的要求，因而为系统的稳定和生存作出贡献。它们这样做……是因为无论从系统还是个体层面，它们都被设计为要履行必要的分化功能。实际上，也正是通过履行这些分化功能，它们与其环境内各种组成部分间的关系才是最稳定的，因此，才能最好地适应环境。

毫无疑问，合作也是一种适用于非人类生命形式的基本原则。例如，林恩·马古利斯（Lynn Margulis）的研究成果明确表明，叠层石细菌（stromatolitic bacteria，迄今发现的最古老的生命形式）与所有其他的动植物有着非常相似的结构和功能。这说明千万年来，生命形式一直建立在"一种相互关联、高度合作且有组织的细菌成分"的基础上。对于合作是所有早期人类社会的基本原则这一点，也基本没有什么疑问。曾在西方流行的灵长类攻击本能假说（The killer-ape human）等伪人类学说现在已不足为信，肯尼亚的利基家族（the Leakeys）、C. K. 布雷恩（C. K. Brain）和伊丽莎白·弗尔巴（Elizabeth Vrba）的人类学理论已较为完善地展现出，远在 350 万年前，一些基本的互助意识已对人类群落的成功和发展起到了推动作用。

实际上，达尔文的进化概念——通过不断的竞争，最适应的个体得以存续的观点现已基本让位于新的理解。新的观点认为进化的成功源于那些建立在相互合作基础上的最适宜的群落的存续。那些联合在一起，知道通过合作来照顾篝火、分享食物、狩猎大型动物以及保护营地（或按现代人类学中的说法——"基地"）的家庭和人群，比其他任何人群都更易于生存。这种合作，通过几十万年的演化，实际上已成为人类这一物种的天性——协作、团队、联谊以及联盟精神——杜博斯（Dubos）及其他生物学家们认为这些已经编入了人类的基因。

生物区域经济所要汲取的教训已相当明显：传统的资本主义经济市场强调竞争、开发以及个人利益，这些都需要被淘汰。担任了二十年的英国国家煤炭局首席经济学家的 E. F. 舒马赫（对此看得非常清晰。"市场只显示出社会的表象"，他写道，"它的意义只关系到它所在瞬间的状况。并没有探究到事物的深处，探究到那些隐藏在背后的自然或社会本质。"因此，它并不能反映出真正的世界——生态的世界。

"这是经济学的方法论中一个固有的缺陷，它忽视了人对自然世界的依赖"，舒马赫指出，这也是市场为什么不区分初级产品（"人类从大自然中获取的"）和次生产品（由初级产品制成的所有物品）的原因所在。同时，这也是市场不区分可再生资源和不可再生资源的原因。在现实中，市场更趋向于重视那些肯定会耗尽的产品（例如石油）；尤其重视那些已经很稀缺的资源（比如黄金）。并且，这也是为什么市场会忽视社会或环境成本的原因所在。市场对物品的定价只反映出卖家的实际费用和利润，而不考虑提炼中可能对地球造成的任何破坏，不管制造中可能产生的任何污染，对基础设施可能造成的任何负担，也不管处理时可能产生的任何费用等等。这是一个工业科学的市场，而不是盖娅的市场。

合作而非竞争的经济概念与五百年来的西方经验是如此的格格不入，以至我们很难想象它究竟会是什么样子。但我们应该记住，我们认为在市场体系中理所当然的事物——那些我们假定为买卖双方的"人性本质"，不过是一个相当近期的概念。在现代之前的大多社会的简单经济体中，在人类学家所了解的部落经济和小农经济中，有着与现在完全不同的假定和价值观。这些价值观通常指向社会和谐，而非个人利益。当学者重现这些社会时——这里我主要指马歇尔·萨林斯（Marshall Sahlins）的《石器时代经济》（*Stone Age Economy*）和卡尔·波兰尼（Karl Polanyi）的《大转型》（*The Great Transformation*）等——其中似乎有许多生物区域社会可以借鉴的地方：物品价值决定于它的效用或美感，而非成本；商品交换主要基于需要，而非交换价值；分配遍及整个社会，而不考虑成员所投入的劳动；执行劳动时没有工资回报或个人利益观念，甚至基本没有"工作"的概念（在许多早期社会中根本没"工作"这样的词汇，对于那些除了习俗、仪式或社会群体自发的集会之外，没有其他活动的文化中，"工作"概念与他们完全无关。在这些社会里，也很少需要强迫或诱惑人们去"工作"）。

· · ·

假设这种奇异的公共模式被生物区域社会所采纳，那么在当代条件下它的原则将会是怎样的呢？

首先可以这样假设——这样的社会将存在这样的共识，即自然财富是所有人的财富，因此人们不能拥有土地、矿产、树木，就像他们不能拥有天空和云朵一样。而且从盖娅那里获取的一切都不能被囤积起来，用于个人荣耀，这些只能分配和使用于区域利益。生物区域经济因此将被设计为共享的经济：对于已知规模的人口，可计算出需要数量为 x 的土地、种植数量为 y 的作物、每年所需的能源、各种数量的其他资源以及饮用水等等。其经济的任务就是保持适量生产，以确保在正常情况下，每个人、每个家庭和共同体都能获得合理份额。如果生产超出了计算量，其中的一些可为今后的荒年储备下来，另一些可用于市场交换，还有一些可以转变为甲烷、喷泉、烟花或是雕塑。因为复杂商品和服务交换的必要性，作为媒介的货币仍具有应用价值，只要它是建立在当地资源和条件的基础上，并且是由当地机构来控制的——虽然我们应当记住，历史上更多的社会曾依赖于物物交换、赠与或共有，而非依赖于货币。除了明显的私人场所之外，场地和工厂、商店和工作室、车间和仓库的所有权理论上都应属于共同体，而非地域或是个人。但利己主义存在的悠久历史也表明，个人和家庭可以考虑被赋予能带来自身利益的物品以及土地的使用权或收益权。

对于初次接触的人们，这是一个异常陌生的领域。什么能有助于消除（认为其不过是幻想的）猜测和质疑呢？那就是这种经济的许多构成部件已然规划成型，并已在现实及当前世界中进行了一些尝试和实验。这里仅举两个事例：

共同所有（*communal ownership*）。从大城市的建筑合作社到内陆地区的公社，存在着许多共同所有的事例，但在当代美国最具成效的即是社区土地信托（community land trust，简称为CLT）。CLT 是一种非营利机构，向当地社区的所有成员开放。它要求有一块土地永久性地交与信托公司托管，然后长期、低成本、可更新、可继承地租赁给它的成员。租赁受到原始信托协议的制约，如只能进行生态实践、对建筑类型的约束以及剩余共享等等。这个构想非常地简单、实用，这也是这项活动自发起以来，在短短十五年中迅速发展起来的原因。现在美国已有超过50个CLT在实际运营，它有力地证明了，如果知道他们的劳动成果最终不只是为自己的后代带来好处，还会给更大的范围——社区/共同体的发展带来好处时，那么甚至美国人也不需要拥有个人的土地，才能去照料它、才能在上面劳作、在上面建设。

地方经济（*local economies*）。在美国早期的殖民地中，以共同体为基础的货币相当常见，无论是在普通商店中流通的非正式的欠条、借据，还是正式的——例如从1642年起，在弗吉尼亚州被视为法定货币的烟草及烟草的"仓单"（warehouse receipts）。在危机时期，许多地区都出现过共同体货币及交易系统，尤其显著的是在20世纪30年代的德国、奥地利以及最近一次大萧条的芝加哥。在当前时代，地方货币和交易的形式则更加多种多样，从劳动和贸易交流到物物交换系统，再到建立在全球交易货品上的地方货币。例如在不列颠哥伦比亚省，在广泛的人群中，与官方货币相结合，还使用一种建立在计算机系统上的地方货币；宾夕法尼亚州和纽约的阿米什和门诺派（Amish and Mennonite）共同体，尽可能远离国民经济，以物物交换、欠条交易和公共协议等多种形式作为彼此间的交换媒介。明尼苏达州的薇诺娜镇，数年来一直运行着一种称为自由贸易交流（the Free Trade Exchange）的物物交换和信用票据系统，用以交换物品及服务——例如保姆、打字、木柴和食品，通过一种集体共享，完全脱离开国民经济。在马萨诸塞州的大巴灵顿，E. F. 舒马赫协会计划发行一种真正的地方货币，建立在当地出产的成捆木材（cordwood）的基础上（一种可广泛应用、可再生且劳动密集型的资源），且只被使用和存放于伯克希尔生物区域。综上所述，地方货币的可能性是多方面的，并且也是显而易见的。

· · ·

几年前，加州大学洛杉矶分校的两位区域规划师出版了一本具有代表性的学术著作——《区划和功能：区域规划的演变》 87 （*Territory and Function：The Evolution of Regional Planning*）。其中非常引人注目的一节是对他们称为"乡村城市"（agropolitan）的论述。按照约翰·弗里德曼（John Friedmann）和克莱德·韦弗（Clyde Weaver）的设想，这种区域将乡村与城市、农业与工业有机地结合在一起，作为一种自治单元实行自治管理，并且可以控制自己的财政和经济。作为专业人士，他们所提出的未来发展的基本方案不仅仅是针对发展中国家，也同样适用于工业化国家。很显然，他们在完全不知觉的情况下，与生物区域思想很好地契合在一起。

很显然，他们对于"乡村城市"经济的论述是带有推测性的，但这些推测建立在大量来自世界各地的经验之上，并且对生物区域的发展也具有明确的借鉴意义：

> 乡村城市的发展力量来自于自身，依据自身的资源、技能、自身的发现和学习。它并不依靠于外部国家或地区的"输血"，也不指望奇迹般的转变，或任何不需努力即可获得的结果。它从满足人们的基本需求开始，在这样的发展过程中，不断地促生出新的需求。

如果乡村引入一些基本的基础设施——例如建立起内部通信和交通网络，那么将会使乡村城市及区域彼此联系起来，而大城市将会失去它们目前压倒性的优势。经济则会转变为内向发展，发现自身蕴藏的能量和财富，并在一种"自然"的学习进程中，从内部使自己逐步实现现代化。

制造业将是发展逻辑顺序中的第二步。第一步是农业生产的不断升级，从提升食品和基础纤维的生产总量开始，之后适时地进一步提升耕地及人们的生产能力。

工业发展将与这一顺序联系在一起，从农产品加工开始，到制造农民和工人日常生活中所需要的设备和工具。这些分散于村庄和田野的小型企业，将以一种与新兴乡村城市的社会结构息息相关的生产方式，向人们提供工作及收入来源。工业化资本主义的矛盾——城市和乡村、生产和消费、工作与休闲之间的矛盾，将逐步得到解决。

现在，所有这些听起来有些像乌托邦式的幻想，会令人感觉到惊奇。但这些都是专家和学者们的意见，他们多年都在思考区域问题，知道区域能够和应该怎样运行。此外，他们都是梦想家 G. A. 博尔杰塞（G. A. Borgese）的坚定支持者，他的一句著名的哲言是"必要的，则是可能的。"

7. 政体

道教是为数不多的了解自然世界在人类精神世界重要性的著名宗教之一 ——或许也是其中唯一得以广泛传播的一种思想。道教的创始者，中国的圣人及政治哲学家老子这样写道：

谷神不死，

是謂玄牝。

玄牝之门，

是謂天地根。

绵绵若存，

用之不勤。

因此并不奇怪道教是极少数主张政治分权的宗教之一。推崇乡村和群体生活价值，主张家庭和亲属间关系平等，而非建立起严格的等级关系。老子著名的箴言"无为"不仅仅是在劝诫人们应对大自然的运作表示尊重，从《道德经》中可以看出，其主要是在向公元前 6 世纪的国君和诸侯们提出建议：最好的统治不仅仅是最少的统治，而是根本没有统治。

我们可以假定老子的政治智慧来自于他的生态见解。从道教中可以看出，老子为道教注入了盖娅的律法——那些在自然界中一次又一次展现出的实质性法则。基于这些鲜明的生物世界法则的政治远见，不会去颂扬一统化的协调、等级效率以及整体实力（这些明显是现代民族国家的美德），而是作为一种鲜明的对照，崇尚于分权、相互依存以及多样性。无论是在任何林苑、海岸或是森林，自然的行事方式基本上不会有强迫，也没有组织起来的力量或是公认的权力者。如果非要从我们有限的词汇中选择一个来描述的话，那就是"自由主义"。

那些建立在否定"盖娅法则"之上的文明，也许不可避免会以与自然法则相悖的形式，来组建他们的政府机构。这项试验已进行了近二百年（如果按照议会和代表制的"民主"期计算），或是按其现代版本，也有近一百年（按福利制度期间计算）的历史，所以说它是失败的也很正常，并不会令人感觉十分惊奇。现代政府，无论是资本主义的或是社会主义的，都不曾对生态危机与引发危机的政治制度间的关系做出过严肃处理（例如改善空气污染的法令法规，从来都没有真正引入过生态的智慧或是彻底的生态政策）。现代政府也不能解决世界人口过剩、反复发生且呈现扩大趋势的饥饿问题、不断加速的经济不平等，以及日益增长的社会混乱（犯罪、自杀、酗酒、压力型疾病，等等）。对于一个并非有效地建立在自然法则上的机构，让它去面对和理解盖娅世界的深刻性和复杂性，也许根本就是不可能的，也许它们并不比迈锡尼文明有更大的几率可以存续于这个世界。

即便说生物区域的政体可能会有危险和不确定性的因素——对于那些认为美国政府机构是合理、有效的人们，虽然生物区域的政体显得奇怪且不切实际、并空想得令人吃惊——也必须承认它至少具有对生态的兼容性。如果有机会进一步发展的话，不管它的其他缺点，至少可以阻止和扭转目前这样导致生态灭绝的政策，将优先级从人类优先调整到相互依存，并为 21 世纪之后，全球继续拥有复杂多样的生命形式提供一个合理的可能。即使这样的生物区域政体失败了（虽然这样的状况并不太可能发生），也不会比那些它所取代的产业政策做得更加糟糕。

• • •

从逻辑上讲，生物区域政治建立在分散主义、离心作用、权力下放以及广泛分散的小型政治单元等生态法则之上。

自然界中最引人注目的是没有任何集中控制、任何物种间的统治，不存在任何人类社会中"统治与被统治"的模式。"丛林之王"只是我们对狮子的描述，这种拟人化的描述其实相当违背常情：狮子们（或者应该说是母狮们）完全意识不到这样的地位，而大象和犀牛们（更不用提舌蝇）则可能难以接受。在一个生物群落中，各种各样的动物植物无论它们如何运作自己的家庭和群落，种群之间都表现得井井有条，有条不紊，并不需要什么整体控制或是支配，或是生物界中的华盛顿、华尔街，实际上也完全没有任何管理机构或是上层建筑。在自然界中，没有任何一个物种占据着统治地位，甚至没有一个物种有过这样的企图，甚至不曾有过这样的本能或意图。（野葛和形成赤潮的细菌，尽管有时看起来像是要征服整个世界，但其实不过是盲目地移入舒适的新环境中，并不曾有统治或奴役的念头。）

更重要的是，当一个物种的几个子群共同占据着某一个区域时，并没有其中一个会试图扩张自身的势力：你永远不会看到一群乌鸦试图征服另一群乌鸦，一群狮子试图控制附近所有的狮群。领地，确实是存在的：通常某一物种的子群会试图在生态空间中为自己开辟出一块领土，并竭力防范物种中的其他成员（和竞争物种）的进入。但这并不是治理，也并非要建立任何中心性的权威，它不过是一个家族或子群的声明，表现出某一生态空间对这一物种的承载能力。同时，我想也表明了是谁最先勘探出这样的结果。防御，也确实是存在的：当一个子群保卫它们的家园时，往往会发生相当激烈甚至致命的冲突——蜂巢或土丘，根茎或是巢穴。哺乳动物的家族和个体往往会不遗余力，有时甚至还会发生侵略行为，来保护筑巢和产仔期间的雌性及幼仔。但这些都不是为了征服而引发的战斗，也不会因此而产生支配或是殖民统治（尽管有些蚂蚁会将其他蚂蚁关押起来），其引发的原因也不是因为一个子群希望建立自己的统治，从而可以命令其他的子群。

当然在生态圈中，物种之间还存在着一种持续性的权力行为：许多动物必须以其他动物以及种类繁多的植物为食，即存在着一种我们称之为捕食的常规行为。通过捕食，一些物种生活于捕猎—被猎、食者—被食这样一种准共生关系。这种存在于所有生物群落之中以及许多动物和一些植物之间的行为非常普遍，但这种行为也不同于治理，它没有发生统治或是支配，甚至不是一种有组织的政治或军事侵略。即使蚊子们是有想法的，它们也不会认为捕食它们的紫崖燕是它们的统治者；水塘边的斑马虽然总保持着警惕，但也不会认为自己与狮子相比处于劣势，或是认为自己处于某些大型动物的常规管理之下。这种捕食关系无疑会带来暴力和死亡（但同时也带来了养分和生命），也无疑是不平衡且没有回报的，但它从来都只是因为食物，而非其他——不是为了治理、控制、建设权力或是主权。虽然这是一种权力行使，但它仍然是一种分散的，几乎意外的力量。（此外，捕食中也总存在某些相互依存的关系，即使是无意识的，而且不会受到被捕食方的欢迎——例如谁也不会认为驯鹿会欢迎狼群的攻击，但实际上这是控制驯鹿数量的一种必要手段，而且清除掉最羸弱的和生病的驯鹿也有助于增强鹿群整体的遗传基因。）

在人类社会中也存在着一种类似的分散主义，一种经常性地推向分离、独立和地区自治，而非聚集和集中的驱动力。纵观整个人类历史，直至近几百年中，人们倾向于生活在分散、独立的小团体中。著名的麻省理工学院国际事务学教授哈罗德·伊萨克斯（Harold Isaacs）这样描述道，"人类社会的碎片化……是人类活动中的一种普遍力量，且一直都是。"他指出，即使在国家 94 和帝国兴起的时候，它们也没有力量可以对抗人类与生俱来的分散主义冲动：

> 记录表明可能会有各种各样的滞后，这种衰退可能会需要很长时间，因此崩溃的到来显得姗姗来迟，但这些条件不可能被无限期地维持。在外部或内部的压力下——通常是在双方的压力下——权力会被消弱，其合法性会受到挑战，而后在战争、倒台和革命中，实现权力系统的重组。

在概观 20 世纪所发生的灾难后，伊萨克指出，碎片化过程在我们这个时代已无所不在，它瓦解掉帝国、扩张、分裂旧的国家，产生新的国家，形成"一种强大的分散性集群"：

> 我们正在经历的，不是新的凝聚力量的体现，而是
> 这个世界分裂成碎片的过程，就好像大爆炸的星系喷射
> 出大大小小的星星一样，每一个都脱离开，在自身的离
> 心力下旋转，而每一个也都使劲抓住自己的碎片以防它
> 们脱离而去。

我认为我们从中得到的政治启迪已经很清楚了：生物区域的政体需要寻求权力的扩散、机构的分权化，不做必要之外的事情，且所有的权限应逐步向上，从最小的政治单元流向最大。

因此，决策地点，以及政治、经济控制的首要场所应该是共同体/社区——一种基本可以保持亲密的分类集合——无论是保持紧密联系的千人左右的村庄规模，或是更为常见的 5000—10000 人左右，经常作为（正式或非正式）政治基本单位的扩展社区规模。在这样的规模，人们彼此相识，亦了解他们所共享环境的基本特征，那些解决问题的基础信息也都是已知或现成的。因此，治理也应该从这一规模开始。从历史中我们可以看到，在共同体层面做出的决定在很大程度上都是正确的，并很有可能被准确执行；而且即使出现了错误的选择，或是在执行中出现差错，一般来讲对社会或生态圈所造成的破坏也是微不足道的。这是史前人类在世界各地所实行的一种治理模式，因生存的必要，在长期的演化中也逐渐形成了一定的效率保障。通过部落会议、古代群众集会（folkmote）、古雅典人民会议（ecclesia）、村民大会、市镇会议，我们发现这些在时间长河中不断演化的人类机构，证明并展现出人类最基础的自治范围和能力。

就如同不同的物种共存于一个生态系统一样，不同的共同体

也可以共存于同一个城市，不同的城镇也可以共存于同一个生物区域而不掺杂任何支配和控制的想法，就像麻雀和玫瑰，山猫和黄蜂。共处于一个生物区域，自然而然意味着将分享相同的生活结构、相同的社会和经济制约，以及大致相同的环境问题和机遇，因此有理由相信它们之间会产生联系和合作。甚至，对于某些特定的任务，也许还会生成联盟。但这种联盟并不意味着消弱共同体的权力或主权，而是扩大了知识、文化、服务和安全的范围及视野。

当然，具有生物区域意识的共同体会有无数场合需要发展区域合作及共同作出决策，从水及废物管理、运输、食品生产，到上游的污染渗入到下游的饮用水、城市人口移入乡村农业地区等等。孤立主义和自给自足在小范围地区内是不可能实现的，就像手指不能离开手掌和身体。生物区域中各共同体之间的通信及各类信息网络都会——也需要——继续维持。最终，某种政治协商和决策性机构也似乎是有必要存在的。

这样的联盟具有多种多样的形式，而且我们对于这类联盟也有着丰富的经验以及详细的记录。因此可以推测，将这种联盟制度应用于各种系统都应该不会太困难。毕竟我们站在一个良好的起点——我们清晰地了解这些共同体的利益，明白它们就像织毯一样，共同交织成为一个生物区域；并且我们还有着清晰的历史记录——关于它们的共同需求和责任，以及当这些需求和责任被忽略时所产生的后果。生物区域限制内的联盟具有逻辑性、力量、连贯性以及共通性，而超越生物区域制限的联盟则不具备这些品质。任何更大范围的政治形式不仅是多余的，而且会非常危险，尤其是当它不再以生态认知为基础或是限制在同质共同体构

96

成的情况下。

如果按照学者们所指出的那样，20 世纪我们所理解的政府目标是在一种合理的平衡下提供自由、平等、效率、福祉和安全的话，那么完全可以有理由说，经过区域划分后的权力——正如生物区域治理一样——通过划分和再划分之后的权力才能提供更好的服务。这种方式减少了政府的独断专行、可以向市民提供更多的参与机会、增强（受到影响的）少数派的影响力，从而促进了自由。它确保了更多的个人参与、减少了集中在少数遥远且反应迟钝的机构中的权力，从而增强了平等。它使政府可以更加敏感、灵活地认识和适应新的状况，应对它所服务的大众的新的需求，从而提高了效率。且因为是在一个较小的规模内，它可以更好的掌握人们的需求，并可以更加快速、低成本和准确地提供这些服务①，从而提高了福祉。并且因为以上原因，在实际中它还提高了安全性。因为不同于那些巨大笨拙、容易失去稳定和异化的巨型政府机构，它所形成的忠诚和凝聚力，对内会减少犯罪和分裂，对外则会减少侵略和攻击。

虽然我们没有现代社会的经验来进行全方位的确认，但从逻辑角度可以清晰地看出，由于生物区域治理与自然环境、资源之间直接及重要的联系，且生物区域具有治理一定规模的（具有均一文化和生态的）人口的能力，所以它可以更有效地为民众提供

---

① 那些怀疑小型单元是否可以更加有效地传输政府机能的人们，可以参考以下数字：虽然美国在表面上成立了 51 个州政府来解决人们的各种问题，而实际中在美国提供服务的（交通、住房、消防、水电，等等）是 28733 个区域和地方一级的特区政府（special-district governments，1982 年数据）。小型地方政府的数目是大范围政府的 500 倍以上。即使是中央政府，在它实际考虑公民的各种需求和愿望时，也细分为 1460 个普通和专职机构，而这一数目每年都在递增。

那些政府所需要做的事情。下面我们将这一逻辑推理再向前扩展一步。

• • •

从离心律法（the law of centrifugal force）的生态及逻辑推论中可以得出互补法则（the law of complementarity）。在这样一种法则下，生态位（econiche）中的某一物种成员，为发展和保护其种群的行为都是相互补充、且没有等级区分的。这种状况被生态学家们称作"非等级制"（hetarchy），与等级制（hierarchy）形成鲜明的对比。它意味着没有等级观念的一种区分，就像认为蓝色明显不同于黄色，但却并非优于黄色。就如同认为树的构成中存在等级一样没有意义（例如认为树皮要优于树根，或是它们在某些层面要比树叶的位置要更高些），在动物的子群中——一个家族、一群、一伙、一帮中寻找统治者和被统治者、或是领主和奴隶，也同样是没有意义的。我们所看到的只是一种互补作用，没有谁会凌驾于其他之上，所有的一切都是为了群体的生存。例如在蜂巢中，有些是觅食的，有些是战士，有些负责产卵，有些负责建设，它们之间完全没有支配和主导地位的存在。蜂王，其实只不过是暂时服务于蜂巢的巨大的生殖器官。它被称为"女王"，只是因为我们这样指认了它。而对于这一头衔，雄蜂和工蜂大概会有完全不同的看法。那些用我们的政治词汇来描述某些动物的标签也是同样的，例如"占统治地位的"雄性、"山岳之王""统治阶层""奴隶""劳工"等等，这些词汇更多地是表现出西方文化，而非动物行为。

实际上在动物世界里，在某一具体的子群中，形成阶层（stratification）和等级都是非常罕见的，而且几乎所有的"证据"都是拟人化的疏忽所造成的。确实在一些哺乳动物群落中存在着侵略和胁迫的例子，例如在狒狒、狼和大角羊中，会存在动物行为学家们称作为"首领"的雄性。而且可能会引发冲突，尤其是在交配期。会有一个个体凌驾于其他成员之上，赢得性或领土的特权。但即使这样，也并没有需要用"等级结构"这样的词汇来形容的常规性的、有组织、且制度化的系统存在。那些行为不如说是胜出动物在群体中为自己寻求最佳环境的一种自信的个体行为——当生活空间偶然向它们敞开，在它们觉得自己有机会生活得更惬意或是更丰富的时候。这里并没有群体性的"选举"或仪式化的行为，可以正式到需要用等级、阶层、固定的顺序、地位和梯队来表述。就像穆雷·布克钦（Murray Bookchin）在他重要的哲学研究——《自由生态》（*The Ecology of Freedom*）中指出，"许多动物的层次特征似乎更像是一个链条中环扣之间的差别，而不是像人类社会和制度中那些有组织的阶层。"①

这种状况也存在于传统社会——至少在那些我们可以了解到的史前文明中。在这些社会，很少有我们已经习惯了的工业化世界中的"有组织的阶层"，甚至几乎没有任何可以暗示专政或是独裁的形式存在。就像树木和蜂巢，这样的社会不具有任何等级制度和支配性结构，并且还会创建习俗、禁忌和仪式防止这种情况的出现，以免对部落造成破坏。这样的社会组织中存在着不同

---

① 需要注意的是，自然界中有雄性首领的群落其实是非常特殊的。虽然确实在狒狒中存在，但在更接近人类的巨型猿——长臂猿、猩猩、黑猩猩、大猩猩中却非常罕见，具有明显的与众不同的独特性。例如长臂猿，就几乎总是生活在极度平均主义的群体中，食物在整个群落中共享，并且食物采集和保姆的角色也会在雄性和雌性之间进行定期交换。

的分工、不同的专长，有时按照性别、有时按照强度、有时按照简单的技能类别来区分；但这些分工相辅相成，相得益彰。虽然个人可以通过某种成功获得威望以及他人的尊敬，但他们并不比他的同事们占据更高或更低的地位。男人们擅长捕猎海豹，女人们擅长摇篮曲，年长者具有魔法知识，年轻人在战斗中担当领导者，祖母们知道草药的治疗效用——这些人都是重要的，也都被高度重视，但他们通常不会为自己聚集权力，以作为他们实力的结果和体现，他们也没有被赋予任何通向指挥和支配的特权。

100

杰罗尼莫（Geronimo）的故事很好地表现出这一状况。他是一位英勇且颇具能力的勇士。在和墨西哥人的几场战斗中取得胜利，被推崇为军事领袖。但他并不是一位"首领"（chief），因为在阿巴契人（Apaches）中并没有这样的称谓。所以在战场之外，杰罗尼莫从未被授予过任何的政治地位或指挥角色。在一次小型的军事胜利后，杰罗尼莫试图将自己设立为永久的部落首领。但他的要求立刻遭到拒绝，并且还被赶出了部落。所以在之后二十年的大多数时间中，杰罗尼莫一直带领着小股土匪和强盗游荡在亚利桑那州的丘陵地带。"他试图将部落变为实现自己欲望的工具"，对阿帕奇部落深有研究的文化人类学家皮埃尔·克拉斯特（Pierre Clastres）写道，"而在此之前，以他勇士的能力，他其实是部落的工具。"

那为什么历史书中会把杰罗尼莫称为"阿帕奇的首领"呢？那是因为那些白人移民，受到自己文化的束缚，认为带领一群强盗攻击他们的人必定是一个具有政治权力的人，必定是在印第安人中相当于亚瑟王或理查一世的人物。因此不假思索，便赋予了杰罗尼莫一个他们通常称呼"野蛮"统治者的称号，仅此而已。

而阿巴契人不仅没有"首领"这样的职位，他们也没有任何统治性的组织形式，甚至不曾建立起政治权力。克拉斯特这样描述他研究的众多类似部落："我们会遇到如繁星一般众多的社会。在其中，拥有在其他地方被称作权力的人实际上并没有权力；在这里政治决定来自于超越强迫和暴力、超越等级从属的领域；在这里，用一句话说，不存在任何'指挥—服从'的关系。"

· · ·

我们已经从动物世界和传统社会的互补法则中，获取到足够多的可应用于生物区域政体的经验。没有等级制度和政治统治；没有统治者和被统治者的体系——甚至选举出的总统和选举人这样的制度也是非生态的。因此在共同体层面，大多数影响人们日常生活的决策将在整体思路和生态学原理的指导下，由对这些活动具有能力和经验的人们来决定和执行。没有领袖，没有执政委员会，也没有寡头政治，只有公民来担任和执行必要的职务；也许会有执行政治功能的共同体职员，如治安官、财务主管、警长、协助员、文员，甚至可以是一系列轮换就职的执政官、协调员或管理人员。但是这些人都没有特殊的权力，只具有特殊的功能，在共同体整体制定的政策下，进行互补性活动，并对共同体负责。权力，如果仍然存在且仍然是这样一个称谓的话，也仅与公民整体相关，而不会与任何职务联系在一起。

当然，这样高度互补的社会要求其公民具有良好的责任担当。因为在这样的社会中没有一个单一的决策者存在，所有的决策都需要共同决定，由大家共同承担。它要求每个人都愿意成为"公共人"（public person），愿意调查和了解公共事务，关心公共政策，并作出决定。当然，这并不意味着每个公民都必须对每一件事情成为专家，也不意味着在这样的政治体制中将不再需要专业人员。实际上，在任何较为复杂的共同体中，我们都可以假设会有一些人对成本计算或废物管理或土壤恢复等等知道得更多，而这正是支撑互补原则的首要条件。在这里，共同的责任意味着，相关市民能够充分关心和参与决策，从而决定他们究竟要相信哪一位专家的哪一些观点、什么时候，以及在何种范围内。

　　当然，我并没有幻想这样的状况可以一蹴而就。尤其贯穿整个历史，一直以来它都是民族国家所竭力阻止和反对的一种政治形式。即使在那些自由国家里，例如对其"民主"和"普选"颇为自豪的美国，其根本的政治职责也一直掌控在少数人手中。而这也正是美国的开国元勋及其他贵族们的意图——不要让太多以及太杂背景的人们来搞乱国家事务，国家事务最好留给那些能够替他人作出决定的人们，留给专家以及受到良好教育的人，那些具有冷静头脑和远见的人们。这样一种意图，在选举以及其他宪法修正中不但不曾减弱，事实上反而在现代国家的进程中，随着假定的中央集权效率以及官僚控制强度而不断增强。至现在，有效权力几乎已完全从地区、州、城市和乡镇中抽离，使得它们作出的决策越来越没有实质性的含义，而越来越多的实质性事务（尤其是税收、金融、监管、防御和规划）都集中在资本的立法和官僚机构之中。对这一进程的效果可以这样来衡量——即使在美国这样开放、自由，非常看重"公民""参与"以及类似活动的国家中，最简单的政治责任表现形式——投票——的参与者不过只有合格选民的一半。而在地方选举中，由于对选民来讲意义似乎过于微不足道，其参与者甚至不过只有五分之一。

　　因此假设一个要依赖于真正的公民职责（即有兴趣的个人，定期自愿参与共同体所有正在进行的审议）的生物区域政治，似

102

103

乎有悖于历史和人类经验。但事实并非如此。在历史的各个时期，世界各地都有采取这种政治责任形式的社会存在——实际上甚至可以说正是以这种方式存活下来。对于这些人，他们同解决家庭之间的纠纷、分配乳齿象的后腿、决定何时种植玉米一起，也要关注政治事务。在那里，人人都具有也必须具有公民身份，公共决策是共同体生活的一个重要组成部分。

在雅典时期的希腊人中，它甚至已经上升到一种被默认和接受的职责：命运（*moira*）。它的意思是不可避免的，一种责任的自然体现，是对城邦所提供的一切的回报。职责——它并非是可以自由决定和选择的问题，不是个人决定是否参与投票，而是一种惯例，不容置疑必须履行的一种行为。而大多的希腊悲剧也是关于那些逃避的人们所遭受的后果。就像伯里克利（Pericles）这样评价他的雅典同胞们："我们认为一个对公共事务不感兴趣的人，并非一个无害的人，而是一个无用的人。"参与是公民的义务，而那些拒绝公民义务的人就如同在广场漫无目便溺的狗一样。

当所有人都是公民，都参与在公民事务（*civitas*）之中，互补的真正力量才会得以体现。强烈的色彩和微妙的渲染、大胆和纤细的线条、全系列的颜色和意义、形状及图案，才会鲜明地在共同体民众生活的画布上得以彰显。各个部分才会和谐地为整体添加细腻、强度甚至辉煌。在这里等级结构没有任何的意义和价值，只会被作为阻碍共同体生活的禁锢而被蔑视、削弱和遏制。

· · ·

最后一个必须遵循的、简单且必然的原则——多样性原则（the law of diversity）。一个健康的生态系统通常会朝着多样性发展，而多样性通常意味着稳定——在一个只有十种生物的脆弱系统中，挫折和灾难对一个物种的打击要远大于在一个有数百种生物的系统，甚至还有可能导致整个系统的崩溃。这也是为什么温带森林会比亚北极冻土地带更加稳定，而且可以更快地从灾难中恢复的原因。在一个没有中央集权和等级制度的生态系统中，自然的离心倾向和扩散作用会得到充分发展，在这样的情况下，必然会产生复杂多样的动植物物种。

一个关于著名英国生物学家霍尔丹（J. B. S. Haldane）的故事可以很好地说明这一点。他曾在牛津大学的午餐会上，在一批杰出的神学家中被问到这样一个问题。问他既然毕生都在研究神在地球上的圣迹，那么他认为宇宙中至高无上的神的主要特点应该是什么。这位长者想了一会儿说："异常喜爱甲虫。"

神学家们无疑被吓了一跳，而其实这样的答案是非常合情合理的。迄今为止被确认的动物物种有近百万种，而其中将近一半，大约有四十万种是甲虫，远远超过了其他任何动物。对于单一类动物，这样的多样性无疑是惊人的，几乎是不可想象的。无论是否可以说上帝实际上非常喜爱甲虫，但毫无疑问，自然世界是明显倾向于这一类动物的多样性的。

把甲虫放于一边，人类也以自己的方式证明了多样性的成功。虽然在繁殖能力上，人类不如某些物种，也不如有些物种那样强壮或长寿，但数百万年来人类能够得以存续，其原因在于人类的适应性。人类作为一个物种，既学会了爬树，也学会了游泳；既能够穿越大草原，也可以利用藤蔓在丛林中游荡穿行；即可以搜寻狩猎，也可以种植培育；既可以像鹰一样单独狩猎，也可以像狼群一样集体作业；既可以像蜜蜂那样亲密交流，也可以像鼠海豚那样从远距离发出信号；既能够通过气味，也可以通过

105

三维视觉来感知世界；既有敏锐的听觉，也有微妙的触感。人类甚至可以为最简单的生物——微生物和细菌形成专业分工。但正是这样精密的复杂性，这些多样的技能和角色，这种没有穷尽的多态性，成为人类个体的标志。

人类的群落也是如此。从一开始，具有多样化和多技能的群落就更适于发展。很明显，那些掌握如何照料篝火、制造工具、狩猎、缝制兽皮和储存食物的群落会更适宜生存。今天，出于同样的原因，那些表现出色的人类组织——在时间长河中存续最长的企业、最兴旺的大学、最蓬勃发展的城市，都是那些具有差异化和多元化，能够适应新的情况，完成多种任务的群体。而那些不适应的以及僵化的、过于专业化和一致化的组织，其生存的时间都是短暂的。

在现今世界，尽管全球社会的复杂性有时会令人眼花缭乱，但毋庸置疑的是，它的整体趋势是在走向一致和统一，无论是在文化，还是在经济和政治领域。但常言道，趋势是不是命运。虽然任何一个去过开罗希尔顿酒店或吉隆坡机场，或不得不与内罗毕、波哥大或渥太华的官僚机构打过交道，或见过华沙、瓦加杜古或威基基穿牛仔和 T 恤的年轻人，或在任何国家的飞机上吃过食物的人都不会怀疑，仅仅在这四分之一个世纪里，可乐文化的全球化（cocacolonization）已快速、有效地席卷到世界的大部分地区。工业化文化，在效率、现代或经济的名义下，追求着统一、互换、程序化和顺从；它倡导一种语言、一种货币、一个交易所、一个政府、一种测量系统、一种流行音乐、一种类别的药物、一种风格的办公楼、一种类型的大学。这种现象比比皆是，似乎已形成一种不可抑制的潮流：举国生产一种产品，整个城市聚焦于一种产业，农场只生产一种作物，工厂只生产一种制品，人们只从事一种工作，工作只重复一个动作。

这种方式并非是稳定的，而是危险的；并非是赋权，而是在奴役；并非是一种健康的状况，而是一种疾病。

在生物区域世界，尤其是建立在自给自足和分权基础上的生物区域，其文化将在整体上朝着与上述现象相反的方向运动。无论是在一个共同体中，还是在一个城市的各个共同体之间，还是在一个生物区域，还是在一个大陆，虽然多样性的类别会依据规模而发生变化，但多样性将几乎是生存的必要条件。不同的生物区域将会不可避免地以不同的方式发展，开发不同的资源，找到不同的治理形式；同一个生物区域内的不同共同体也可能如此，因为它们可能会有不同的设定、与土地不同的关系、以及生活在上面的人们也是不同的。就好像缝制一床被子，各种拼接可能会有很大的不同，甚至对局外人来说是疯狂的，但合在一处便会成为一床合适而惬意的棉被。

· · ·

对于多样性，让我们再细想片刻。虽然它只是一个简单的口头禅一般的概念，但在现实生活中，却是一种复杂并很可能引发问题的现象。而且它所导致的结论也不一定会受到欢迎，尤其是对那些只愿意接受它明显的优点的人们。

让我们以一个生物区域为例，比如说在某一流域。这里会存在一定的均质性，因为人们谋生、建造房子、种植作物的方式很可能是相似的；在长期的生活中，人们也可能发展出自己独特的文化、特殊的讲话方式、当地的美食、特有的幽默感以及艺术风格。当然，之中也一定会存在一些差异——比如城乡之间，或是居住在山地和山谷的人们之间，或是牧场和农场之间，或是那些

107

居住在上游和港口的人们之间。大部分的差异都是细微的，可以容忍的，甚至在一个生态系统中很可能是有益的。但即使这些差异会造成磨擦，生出仇恨，我们也应当珍惜和保护生成这些差异的多样性。显而易见，在有争议的共同体之间想方设法寻求解决方案，达成协议，将是一个生物区域政体的重要目标。但如果是在压制多样性、强制统一性的基础上达成的协议，那代价就太高了。所以一定的忍耐和宽容可以说是多样性的必然产物。由于稳定的生态位（econiche）允许——甚至在某种意义上鼓励——一定的冲突以及不和谐存在（我们可以充分意识到所有物种的利益不可能总会达成一致，或在领土、或在觅食的权利、或在获取阳光上总会引起争端），因此稳定的生物区域也是同样的。

我们必须明白，生物区域的多样性应该完全如上所述。它并不意味着一个大陆上的每一个生态区（ecoregion）、生态区中的每一个分区、生物区域中的每一个共同体都必须采用同样的政治形式，按照同样的规定建设发展。尤其是它并不意味着每一个生物区域都会关注民主、平等、解放、自由、公平等等美国所宣扬的传统价值。真正自治的生物区域将不可避免地走在各自、且不一定互补的路上，将依据自身的环境和生态需求，创造出他们自己的政治体系。

当然，现今任何真正符合生物区域原则的地区都必然尊重规模制限、保护与稳定、自给自足与合作、分权以及多样性的准则。不难想象这些准则将会使它的政体走向自由、自愿、开放、和或多或少的民主方向。当然，这并非是必须的。对于什么样的政治形式能最好地完成自己生物区域的目标，不同的文化会有不同的看法——尤其当我们在全球范围内想象这样一种系统时，会与受到西方启蒙的形式有着相当大的差异。不论人们多么不喜欢这种想法，但如果多样性是可取的，那么这些差异就必然会存在，并且需要受到尊重。在生物区域的限制下，很可能会发展出各种不同的政治体系，而且这些体系并不需要具有相互之间的兼容性，或是在别人的眼中看起来也必须是好的。

甘地曾经说"去梦想不需要人们表现良好就可以存在的完美109体系"是毫无意义的。而这恰恰是我认为必要的一步：去想象各种系统，在其中即使人们没有表现良好，系统也可以很好地运行。在我看来，梦想每个人都会表现良好的系统，反倒没有太多的意义。不仅是因为那很可能会产生一个相当乏味的社会，而且从悠久的有关人类行为的历史中可以知道，无论我们进行多久的尝试，这样的系统都不可能在这个星球上得以发展。我们所需要做的是梦想那些可以允许人们保持人类本性的系统，包括人类所有的多样性——包括偶尔的错误、不当的行为甚至邪恶、还有在我们所知的范围内总会发生的犯罪——且仍然允许他们的共同体、他们的社会得以生存，以及无限接近其繁荣稳定的巅峰。

这意味着首先必须是这样一种系统——系统中所有的公民和社会结构都朝着使错误行为最小化的方向而努力。例如，在其中，个人通常会感觉是大自然网络的一部分，自己被赋予了特定的价值和作用；共同体内的各种联系非常紧密，各种社会形式都具有支持和培育性；大部分物质需求和愿望都可以实现；违反生物区域标准的个人甚至共同体行为都会被公布于众，所带来的不幸后果也会被所有人看到；个人暴力或不和谐的行为会被视作违反了公共和生态双重原则。其次，这意味着错误行为可以被引导和分割、受到规模的制限，因而不会超越物理极限，造成无法弥补的损失；恶人们——无论是个人还是整个共同体，因受到生物区域的分散主义制限，不会像在全球单一化的情况中那样，可以把毒药渗透到整个大陆或是世界的脉络之中。经过适宜规划的生物区域主义，恰好提供了这样一种系统。

因此，生物区域主义不仅可以容忍多样性，而且因人类行为的多样性，以及由多样性所促生的各种政治和社会事宜，而蓬勃发展，就像涵盖各种实验的实验室或是多种学科的学术机构更容易兴旺发展一样。这种多样性是培养创造力和创新的一种方式，是协同合作的动力机制，最终会使人们的生活得以改善和提高。这也是防范单一方向发展所带来的灾害的一种手段，例如可以避免种植柑橘的整个山谷全部遭受到地中海果蝇的侵害，或是整个国家都受到马铃薯疫病的感染。多样性具有自己独特的价值，以及像富含养分的沃土一般的复杂性。尽管它有时会引发一些不受欢迎的新奇事物，或是令人不快的突变体，在人类系统中它也有可能会允许那些出自于卑鄙而非高尚的动机存在，但多样性仍然是值得欢迎的。

不管怎样，在现实世界中，没有其他的方法可以得到它。

8. 社会

几年前，当生物学家刘易斯·托马斯（Lewis Thomas）被《纽约时报》（*The New York Times*）记者问到他对自然界七大奇迹的选择时，他最先提起的是割枝天牛和合欢树。

当雌性割枝天牛决定产卵时，她总是可以从森林里所有的树木中准确无误地找到合欢树。而后爬到一根枝条上，切出一道纵长的狭缝，将卵囊放置其中。又因为割枝天牛的幼虫无法在活着的树木中生存，她会往树干方向再爬行一英尺左右，然后绕枝条一周在树皮上切割出一个整齐的环形狭沟。这样就可以使枝条在很短的时间内死亡，最终被强风吹折到地上，成为下一代割枝天牛孵化的家园。但有趣的是，这样去除枝条的方法对合欢树也具有修剪枝叶的作用——一种颇具价值的次生效果。如果不经过修剪，合欢树一般只有二十五到三十年的寿命，而经过这样简单的修剪，可以茁壮生长到百年以上。

托马斯博士似乎认为这种关系非常奇异，足以被认定为世界 中的一种奇迹。他这样写道：非常值得，因为这样的事情，可以"提醒，我们对自然的了解是多么地浅薄。"我非常同意，承认人类对自然界的无知是一种智慧的表现，但我认为也有必要指出，在实际中，这种生物间的相互作用远非不同寻常，而是自然界中的一种常见现象。

这种关系被称之为共生（*symbiosis*）。共生关系在自然界中的长久存在以及它的普遍性向我们展示出另一个基本定律：在这种可以亲密接触的层次上，大自然倡导以共生、相互作用和相互依赖来作为生存的手段。我们甚至可以从我们细胞中飘浮的线粒体这样的微观层面来证实这一现象。这些无限小的颗粒有着自己的 DNA 和 RNA，只要我们还活着，它们就可以自我维持和复制；而没有它们，我们甚至不能移动或呼吸。我们也可以从巨蛤身上看到这一现象。这种生活在海洋的奇异生物在某种意义上既是动物也是植物。其生存完全通过植物细胞的光合作用——那些它吞食和实际上已植入到它身体里的植物细胞；而这些植物细胞的生存则依赖于巨蛤的保护和养分，而它们甚至促使巨蛤演变出一种小透镜状的组织，可以像放大镜那样聚集阳光，从而有助于提高光合作用的效率。

我们在一般的家庭中也可以看到这种共生关系的存在。人类家庭可以说是动物世界中最复杂的群落之一。在其中，成年女性通常要为生养花费许多年的时间，并且有很长一段时间要用于哺乳和抚育；而在此期间，成年男性必须承担起提供者及保护者的职责。这些都是为了抚育需要十多年才能成熟的后代，而后代也被预期要回报上述烦琐的养育过程，为其父母的晚年提供支持和保障。这一过程还附带着一种神秘的组成成分——给予后，则可能得到回报的——爱。

与托马斯博士的惊叹相反，共生是大自然认定为适宜的一种基本行为方式。当然，并非所有的形式都会被参与者认为是公平的（例如我们前面提到的捕食），但总会在某些层面存在着相互依存性，而正是这种亿万年来不断演变的相互依存最终使物种得以存续和发展。事实上，如果我们现今的理解可以教会我们什么的话，那就是物种的存续并不是因为其中某个"最适者"个体的特殊属性，而是因为物种整体与其他物种之间演化出的相互关系。在他颇具敏锐推理性的小册子《共生》（*Symbiosis*）中，生物学家威廉·特拉格（William Trager）认为，自然界中未必是哪一种冲突导致了物种的成功。"很少有人意识到共生——不同种类生物之间的相互合作也同样重要，而'最适应'的或许是最有助于其他物种生存的一个。"

因此，共生也是成功的人类社会中的一种基础模式。我们可以这样构想，地域中的城市、城市中的共同体、共同体中的邻里、邻里之间的家庭，所有这些都以合作、交流为基础，合作互利，其中最适应的是对其他帮助最多的那个，当然，也是受到帮助最多的一个。

. . .

在生物区域这一层次，关于这种相互作用的最重要的例子就是城市和乡村之间——城市的机械与乡村的花簇之间的社会共生——一种从亚里士多德开始就被哲学家们所称颂的联系。弗里茨·舒马赫（Fritz Schumacher），一位睿智且对人性了解颇为深刻的经济学家，曾说过这样一段不逊于任何哲学家的话： 114

> 人的生活中，要想完整，就不能离开城市，但也同样需要从乡村获得食物和其他的原材料。每个人都需要可以同时便捷地接触到城市和乡村。因此，城市化的目标必须是这样一种模式——每一处乡村附近都有一座城市存在，一个足够接近的城市，可使人们在当天往返于其间。而其他任何模式都是行不通的。

而在过去一百年左右的实际发展中，则完全朝着相反的方向：乡村被逐渐剥夺与有价值的城市接触的机会。人类居住形成一种巨大的、严重病态的极化模式。

这种极化，在工业和农业、复杂文化和当地文化、资源的使用者和生产者、自然世界和社会之间划出一道鸿沟。而这也正是生物区域设计中所要防止的现象。因此，共生模式的目标应该是在城市及其腹地之间建立起平等的关系——一种建立在相互理解、相互需要，从而产生相互依赖之上的相互流动。

一方面，作为一些产品的生产者，城市是必须存在的。简·雅各布斯（Jane Jacobs）明确指出，一个紧凑、互动的城市可以成为一个区域的引擎、心脏和动力的源泉。它可以成为贸易的有效磁极，不仅仅可以为自身的产品，还可以为周围乡村所生产的商品提供必要的市场。它可以提供足够的人口以支撑专业化服务——那些城市中心通常可以提供的公共及私人服务：医院、图书馆和交响乐队（那些人们认为应设置在城市中心的服务）；以及工艺修复、性伴侣和音乐演出（那些基本存在于城市中心的服务）。它可以成为"高层次"文化的中心（至少在那些城市所熟知的文化类别中），可以为艺术家们提供集会，为诗人们提供交谈的机会，而这常常会促生更丰富的创新需求。并且它还可以提供（适宜于过去的城市并交织于其中的）那些理论上的城市的优越性——匿名性、复杂性、耐受性、自我表现和刺激——那些在许多小城镇和乡村中缺乏或不存在的特性。

另一方面，乡村的农场或非农场也都是必要的——作为主要源泉向城市提供其赖以生存的食物、水，以及用于居住、服装、制造和手工业生产的原材料。它也可以成为记忆的存留之地，在那里那些与土地联系紧密的人们可以一直记住和保持生物区域的传统，使盖娅的价值不至于流逝，并提醒都市人什么是生态的真实写照。它也可以是乡村自身创造力和创新的源泉，自己的工艺和艺术形式、自己的思维和交流方式的沃土，形成一种不同的、更具有泥土气息的声音。它也可以成为大部分人口的居住地。美国民意调查结果显示，在未来，自发偏好城市生活的人口比例（相对与那些被迫选择城市的人们）与过去相比越来越小——大约只占人口的四分之一①。而且在任何情况下，一个健康的生态系统也不可能支撑非常多的城市。

这直接将使我们面对人口分布的问题，这也是任何一个健全的生物区域世界都需要面对的一种社会必然。巨大的城市，正如我们已经看到的，从生态角度是难以维系的，因为它们所消耗的资源要远远超出其所在土地的承载能力。我看到过各种关于生态城市人口上限的推算，从 2.5 万人到 25 万人不等，数值差异主要取决于城市直接用于食品和生物质生产的耕地数量，以及其对乡村的依赖程度。但就已知情况而言，大家似乎都同意大幅度超越人口上限是不可行的。在这种情况下，似乎已经没有了其他的选择，只能将目前数百万人口的城市分割成为较小的城市，在每一个城市周边都设置绿化带，在区域内形成数个大小不同的共同体。

在实际中，与人们的一般猜想相左，美国只有 48 个城市的

116

---

① 一般民意调查显示，美国只有 10％的人口喜欢大城市，10％—15％的人口偏好中型城市，30％—40％的人口倾向于生活在覆盖于城市范围内的小城镇，而30％—35％的人口则更喜欢小城市、小城镇或农村地区。

人口超过 25 万，而这些城市占总人口的比例不超过五分之一。这样一个数值完全可以分配为 150 个新城市，每个城市可拥有 100 平方英里的面积（约为当前全国平均水平的两倍），而所需要增加的新空间也不过只有蒙大拿州的十二分之一。而且这一类的人口迁徙也不必像以往那些出于对自然系统的顾忌，跨越几十年的迁徙那样困难和具有破坏性；正如詹姆斯·L. 森德奎斯特（James L. Sundquist），具权威性的《人口疏散》（*Dispersing Population*）的作者所说："人口疏散政策和执行程序可以设计得非常简单，而且可能会很受欢迎。它不会耗费过度，而且可以颇具成效。"此外，北美的任何一个生物区域都具有大量适宜人口疏散的土地（在欧洲的某些国家实施人口疏散可能会有更多的困难，但他们的问题也不是完全不能解决的）。即使像纽约那样多出五百多万人口，也完全可以在哈德逊河地理区中给予有效安置，而不会给生态环境带来任何超越其承受范围的影响。

117　　关于城市与乡村之间的共生还需要说一句话。就像巨蛤从它所摄入的植物细胞中获取到某些特性，同样也像那些细胞在某些方面呈现出动物特性一样，城市和乡村之间的有效联系也会产生某种程度的社会混合以及匹配。那些具有接纳性的偏僻地区可能会接受一些可以兼容的城市特性：比如小城镇，可以学习到城市密集性的优点，不再散乱地设计新的建筑，尤其是在那些古老的城镇；小城市也可以学到一些别样的智慧——为俱乐部和酒吧专划一块地区，好为年轻人找到一个必要的、发泄不当行为的地方；在乡村建造的新城镇可以遵循城市集群的范例形成可以凝聚在一起的村庄，而不是沿公路延伸几英里那种孤零零的村落；想要模仿城市文化的乡村地区可以为交响乐团组建起音乐家网络，或是为广泛丰富的图书服务建立起镇属以及个人的图书馆系统等等。模仿方式可以说和城市生活一样无穷无尽，总有各种各样的模式可以被那些想要学习的城镇和村庄借鉴。

同样，对于一个善于学习的生物区域中的城市，生活于土地、与土地共生将是一件顺理成章的事情，并且也有必要将乡村精神吸收到它的血脉之中。不仅仅是像公园、林地、草坪、运河和水道那样作为任何一个城市建设的基本；也不仅仅是袖珍花园、窗台上的花卉、林荫大道和喷泉广场那些令人心旷神怡的景致，而是更多：城市必须扎根于土地，像农场和村庄一样接近自然。需要在后院、屋顶、社区花园或周围的农场中种植更多自身需要的食物；依靠风力和太阳能集热器生产出大部分自己所需要的能源；回收自己产生的废物，无论是有机的还是固体的；最大限度利用乔木和灌木来吸收灰尘、热量和噪声；设计出主要用于自行车和行人的交通网络；应用当地材料建造具有节省能源、耐久且以人为本的建筑——总而言之，在城市的每一个进程中都需要融入对生态原则的理解，而这一点在当前匮乏得令人吃惊。通过与自然的不断接触，每一个公民，甚至最小的孩子都知道水并非出自于地下管道，西红柿也不是从超市货架上长出来的，不能把不想要的东西随意扔到远处就行了，因为不会有什么真正的"远处"。

118

· · ·

"这种生物世界之中，长期且缓慢发展的共生关系向人类社会展现出另外一个重要原则：过程稳定法则（the law of home-orrhesis）——稳定的流动、审慎的变化以及循序渐进的调整。"

当然大自然不是平静的，也并非不会带来充满暴力的剧变：目睹圣海伦火山猛烈喷发或十月席卷佛罗里达群岛的热带飓风的人们，可以清楚地了解到生生不息的地球巨大且不可预知的力量。但在大多数生态系统中它通常的状况，它日常的风格，则是渐进而有规律的，缓慢而稳定，小心而谨慎，就像地球板块或乌龟的运动；它长期的节奏优雅而审慎，可以用亿万年来衡量。它小心谨慎、不慌不忙地进化。它用百万年来开发大脑，又用一千年在花岗岩中形成河流的走向。

119　　生物区域社会并不是朝着改变、新奇或快速的方向，而是朝着调整和稳定的方向发展；不是革命而是演化；不是剧变而是渐进主义。新生事物会被用怀疑的目光审视（因为突变往往更可能引发问题而不是解决问题），而不是像我们这个时代，立刻就会得到认可和喝彩。在这里，独创性或"现代性"并不被赋予特殊价值，因为生物区域社会中不存在固定的、公认的标准，也没有来自过去的价值观以进行对比。为了变化而变化——或为了追求繁多的花样，为了娱乐或贪婪而变化，这些都是反生态的，与自然功能的进程相对立。快速推出各种消费品的新款以及"时尚"，在每一季，让每一个明星都推出新的电影、节目以及"个性"，不断推出新的艺术和文化作品，这些现象可能会适合一个每年大约都有 1.3 万种新款产品推向超市和药店的社会，但在一个社会交往方式、文化和品味都是在长期岁月中缓慢形成的社会，上述这些现象显然是混乱的、不稳定的且不受欢迎的。创新和细微的调整在这样的社会也可以拥有自己的位置，但它们的目的是为了满足必需而不是为了一时兴起或是追求新奇。

因此，一个生物区域社会的总体特征是维护和持续，表现出所有生命的缓慢的愈合及修复能力，而不是改变和反复无常——这些通常都是损伤和疾病的迹象。

依据上述角度，也可以以生态的方式来看待暴力和犯罪。暴力和犯罪可以被看作剧烈的变革或是社会不稳定的表现，因为它们在那些迅猛发展和动荡的社会中表现得最为普遍，就像我们现今的社会。在生态社会的犯罪，无论是个人行为还是社会趋势，都违背了过程稳定法则。在生态社会，对那些最为暴力、最具有破坏性的行为——那些对生态系统造成严重或永久性破坏的行为——例如谋杀、滥伐、物种灭绝或是引入舞毒蛾等①，将施以最严厉的谴责和处罚，无论它们可能带来何种经济或物质利益。而对那些破坏性很小以及不违反基本生态原则的行为——例如盗窃、流浪和酗酒，对其厌恶和抵制程度则最小。

毋庸置疑，一个生态意识的社会，它的整体道德结构将以盖娅原则为基础。"理所当然"这样的概念将不再像西方道德体系中那样，主要建立在保护私有财产、个人财富和个人成就之上，而是以保护生物区域的稳定状态以及环境平衡为基础。在这样的社会，许多现在的行为都将是"错误的"——例如便溺之后要用五加仑的水冲到河里；使用化学肥料；建造摩天大楼、购物中心或任何浪费能源的建筑；日复一日选择食物链顶端的食物；农场只生产单一作物；燃烧或丢弃有机垃圾；对"承载能力"和"生

①　舞毒蛾（the gypsy moth）是在 19 世纪 60 年代由新英格兰的实业家从欧洲引入美国的。希望通过这种繁殖力极强的物种与蚕蛾杂交，生出大量的蚕，从而使自己变得富有。结果不仅杂交没有取得成功，舞毒蛾还逃出了实验室。之后，因为舞毒蛾繁殖速度极快，而且对食物没有什么特别的要求，可以蚕食超过 500 种以上的树木及灌木，因此，在乡村地区造成极大的破坏。又因为舞毒蛾在美洲大陆上没有现存天敌，也没有其他物种愿意捕食舞毒蛾，所以到目前为止，仍无法有效控制舞毒蛾所造成的破坏。现今每年都有超过 200 万英亩的树木遭受破坏，从缅因州一直延伸到弗吉尼亚州，西部则延至威斯康星州。

物共同体"这样的概念全无了解等等。同样的道德谴责也会和一些更传统的犯罪联系起来——例如杀人、抢劫、偷盗、暴乱等等，这些行为遭受抵制不是因为有法令和规定反对它们，而是因为它们看起来，感觉起来会对共同体的正常社会流动造成破坏，威胁到它作为一个独立自主单位的成功甚至生存。

• • •

在任何社会，破坏的终极形式以及对过程稳定法则（homeorrhesis）的终极践踏即是战争。战争，作为生活的一个层面（甚至在生物区域的生活中），是我们必须要面对的一个问题。

尽管我在前面指出生态系统在它的成熟和巅峰状态，基本表现为一种平静、温和的模式，但在动物世界，也确实存在着侵略，以及偶尔但看起来非常像是发生在某一物种内的战争，特别是在脊椎动物亚门中。同样的现象也存在于许多部落社会。侵略似乎在某种意义上已成为一种生态本能，在动物群落中表现出明确的功能：例如在一个生态地区内使群落之间保持距离，从而使生物总量与领地的承载能力相匹配；而且战争本身对生物总量也具有绝对的限制作用。因此，我们可以看到在自然界中并没有消除侵略和战争的企图——这是和平主义者的一种误导——而是尽量地减少、限制、仪式化以及对其进行引导，使之不会产生根本性的破坏。对于生物区域社会，"过程稳定"的目标并非是消除任何形式的侵略，而是要使之成为可预测的以及有律可循的一种行为，在控制中降低它的破坏程度。

每一个稳定的生物区域，其所提供内部和谐以及外部保护的方式都是不同的，我们很难完全想象得出。但通过对历史上人类各种侵略理由的反思，我们可以了解一些大致的范围和方向，从而找到生物区域社会应该怎样容纳、减少甚至消灭侵略。

这里，我们必须从一个社会与其环境的关系开始着手。我相信卡尔·魏特夫（Karl Wittvogel）和刘易斯·芒福德（Lewis Mumford）的研究——以及以法兰克福学派（the Frankfurt School），尤其是穆雷·布克钦（Murray Bookchin）的探索为补充的研究工作——提出了充足的证据，表明那些想要控制自然的社会，也是想要控制人民的社会。在那些想修建一个巨大的水坝来控制河流的地方，也会认为应奴役人民来建造它；在那些认为一个巨大的都城可以通过掠夺周边乡村，抢夺它们的原材料而存续的社会，就会有种姓和等级制度存在以确保这些行为得以实现；在那些认为自己有权掌控周围的动物和植物，为自身利益最大化可以随意利用它们的社会，也一定会认同战争的哲学——因为这不过是将施加于其他生物的特权延伸到其他人而已。

而生物区域社会，就像我们已经勾勒出来的一样，将明显不同于以上任何一种社会。因为它了解自己是居住于大地之上，是盖娅生命之网及其形式的一部分。生物区域社会将被一种并非主宰，而是谦逊的精神所引导；不是控制其他部族，而发展内部和谐；不是认为自己被赋予特权，而是认为自己在享受恩典。从这个意义上讲，它对发动战争的兴趣和能力都将是微乎其微的。

但正如我们所知，即使在那些想法已经非常接近盖娅的人类群体中，也会发生战争。并非要过于简单化，但充足的历史记录表明，部落社会的战争往往源于两个原因：当人口增长超过其稳定的极限，从而产生对（他人所占领的）土地的需求；对稀缺资源产生竞争或突然被剥夺了一种赖以生存的外部资源。令人欣慰的是，上述状况都不会在一个（竭尽自己知识和技能）审慎调节

123

以适应其环境的生物区域社会中发生。如果可以被了解和掌握，一个生物区域会知道自己的承载能力以及它可以维持的人口极限，它所有的社会制约也都会致力于避免愚蠢的过度耗损发生；而且如果生物区域基本上可以维持自给自足，那么在日常生存中它会知道如何依靠自身的资源，从而避免对任何形式的外部资源产生依赖或竞争。总之，大家可以设想，一个处于稳态的生物区域，无论被赋予多么充分的理由，根本不会在正常的情况下，认为将时间和资源从日常生活转向准备和发动战争，将其迫切需要的劳动力从农场和商店抽调到壁垒和战壕，会是一件合算的事情。

当然，除空间需求和掠夺之外，还会有其他原因引发战争，但往往都是一些异样反常或是极度不稳定的社会的写照。例如，一个无所事事的独裁者或是武士阶层的心血来潮，或是希望民众被其他事情所吸引，从而避免民众的暴动和反抗；或者在更为近代的时候，民族国家通过在其民众中煽起沙文主义来增强自身力量，通过战争恣意加强其权力和控制。就像伦道夫·伯恩（Randolph Bourne）的一句名言说道，战争是"国家的活力"。或者与上面的理由相同，一个社会扭曲或充满问题的部落或国家，如果不能通过游戏、竞技或日常生活中的一些仪式来排解这些侵害的话，只能迫使毒素向外，通过战争将其内部的暴力转嫁到邻居身上。

尽管生物区域之间存在各种不同，具有生态意识的生物区域社会都不会表现出以上描述的行为。只要是一个关注生态规律的社会，它的全部目的就会是稳定与和谐发展。这样的社会会通过各种手段，避免对暴力和破坏的需求，并通过发展具有支撑性的公共联系来缓解个体异常，使得它们的成员，（用当代词汇表述的话）实现"有效的社会化"。如果这还不足以遏制侵略的本能，它们将寻求引导、转移和控制它的方法，例如运动，就是一种典型的方法和手段，如克里克·印第安（Creek Indian）部落间的曲棍球，或意大利城市间的足球比赛。仪式性的竞赛也是如此，例如骑士排名等。

现在假设大多数生物区域社会基本上都是和平的，对征服和战争的兴趣并不比山核桃或刺猬们更多，并假设只有一个痴迷不悟的社会——只有一个生物区域出于某种原因，成为一个好斗的另类，那么会怎样呢？就像安得烈·施穆克勒（Andrew Smookler）在他悲观的《部落寓言》中所言，"如果只有一个部落没有选择和平，而且还是一个野心勃勃想要扩张和征服的部落。当面对这样一个充满野心且强大的邻居，其他部落会怎样呢？"在施穆克勒的观点中，他认为可以屈服、战斗或逃跑，或是最有可能的——去模仿侵略者。除此之外没有其他的选择。最后的结果必定会对"过程稳定"状态（homeorrhesis）产生巨大的破坏，进入几乎永久持续的争执和战争之中——每个部落都卡着对方的喉咙或是正在计划着这样做，一切都让位于仇恨、怀疑和争议。

但这也许是我们现代人习惯中所认为的人类的真实状况，与我们所熟知的恐怖的 20 世纪的世界末日非常相像。但它其实是对考古和人类学记录的一种错误解读。事实上，在狩猎—采集部落以及游牧部落之中，战争是极为罕见的。并且它们预先设计了无数制度和风俗来防止战争的发生，或一旦爆发也可以减少它的危害——通过强大的禁忌来减少屠杀（例如在大平原印第安人

125

中），或通过首领之间一对一的仪式化战斗来解决问题（例如大卫对歌利亚巨人）。此外，在历史上，定居社会的一个明显特征就是倾向于宽容，而不是敌对；中意于贸易，而不是掠夺；趋向于孤立，而不是征服。如果我们一定要带着颤栗和荣耀，选择记住成吉思汗（Genghis Khan）、沙卡祖鲁（Chaka Zulu）和尤利乌斯·凯撒（Julius Caesar），那只能说明我们的军国主义思想要远远超过历史现实。而且，除去少数几个社会规范已完全崩溃的显著特例之外，这些早期社会大多精心设置了减少成本和人员伤亡的规则和禁忌。至少直到 19 世纪，其危害甚至要低于曼哈顿街道和酒吧中一个平常的一周。

除此之外，还应该看到生物区域社会所具有的可能避免"部落寓言"中那些"必然"冲突的方式。由于相对较小，生物区域一般不具备强大的力量来启动和支撑巨大的战争。大战是帝国和民族国家的特有产物，不在以自我为中心的共同体范畴之内（并且，就如我在其他地方证明过的一样，国家越大，战争的伤亡也会越大）。且由于相对较小，它们对外部入侵者所能提供的东西也很少。对于这样一些财富，通过物物交换或是协议要远比通过战争容易获取许多，并且也要经济许多。

126　　而且作为一个健康、独立、自主的实体，生物区域还有许多其他的反抗方式。这也意味着主动防御的概念——公民都会作为共同体的民兵受到武装和训练（所有年龄，不论性别），并受到过在攻击下实施各种形式的民间抵抗的教育（包括主动的和被动的）——这些都使得生物区域对于任何潜在的侵略者，都会成为极其扎手的荨麻，难以下手的蝎子。这也是瑞士在过去的五百年中所走过的道路。事实上没有什么威慑和防御可以比得上骄傲和积极的公民，肩并肩地站在一起保卫他们熟悉和热爱的领土。在这些土地上他们是真正的居住者，他们以极大的热情加入到生物区域社会的各种属性之中——合作、自我牺牲、共同体的斗志、爱国主义、和睦相处，而这些是永远不能指望五角大楼的那些计算机的。"没有任何屏障"，格莱斯顿（Gladstone）曾经这样说过，"比得上（意愿直面敌人的）自由人的胸膛"——在生物区域的民兵中当然也包括女性——而任何敌对势力，无论它有多么强大，都会很快了解到这一点。[①]

而在生物区域之间，战争的手段是受到限制的，从战争中的获取更是极其有限，因此几乎没有战争存在的必要。在这种情况下，我们可以想象会存在一种持续的"过程稳定状态"（homeorrhesis）——或许我们可以大胆地称之为和平。

而且，即使冲突会必然发生，如因为某种原因，生物区域之间产生了对立，那么大多数动物之间的争斗模式可以很好地展现出如何减少伤亡以及对环境的影响。两条争斗中的响尾蛇，虽然它们的毒牙都是致命的，但它们却不会在争斗中使用。它们互相纠结、缠绕、搏斗，看起来很像是拇指摔跤——一条试图把它的上半身压在对方的脖子上。而当其中一条压着下面一条一会儿

127

---

① 　总会出现这样的假设，假设俄罗斯决定入侵作为生物区域社会的北美地区（并假定俄罗斯并非生物区域社会，且出于某种原因想要发动侵略）。大家可以很容易地想象出怀有敌意的俄罗斯向统一和中央集权的美国发动战争，希望可以战胜它的政府军队，占领它的首都，以自己的统治取代它的官方管理。但我们很难想象俄罗斯想派兵进入一道又一道山谷，一座又一座丘陵，派兵进入北美大陆上每一个自治的生物区域，而且这些生物区域都没有可以征服和控制的中央集权设施（当然更没有整体大陆的中央集权设施），但却都有着自己的武装以及积极的民兵组织，决心捍卫他们熟悉和热爱的生态空间（econiches）。

后，战斗就结束了，失败者会悄悄地溜走，从而在没有代价的情
况下实现征服。两只争斗中的剑羚，每一只都有着又长又尖可以
挑穿狮子肚子的犄角，但在它们之间例行的争斗中，却只会撞、
踢，或把犄角磕碰在一起，而从不把犄角刺向对方，挑穿对方。
即使在一方已精疲力竭，摔倒、屈服和认输的时候。因此，发生
争斗的两个生物区域，当它们以身边大自然的方式来解决问题
时，也会找到方法使它们的战争具有严肃的意义，但却不一定是
致命、贪婪，或具有永久的破坏性——如果我们可以想象得出什
么办法的话，甚至可以使战争更像是一种调整，而非动荡。

. . .

还有最后一个原则也承担着维持生物区域社会稳定以及和谐
的作用。它既来自于生物世界，也来自于人类的经验。在生物世
界中，它是保持健康发展的一种方法；在人类经验中，它是防止
战争的一种手段。那就是：分割（division）。

在追求健康以及平衡发展时，"分割"是比"统和"更自然
的一种方式——趋向于更小的单位而非更大的整体。正如经济学
家利奥波德·科尔（Leopold Kohr），在对这一现象的谨慎探讨
中这样写道：

> 如果"小"代表着大自然神秘的健康法则，"大"代
> 表着疾病，那么**"分割"**……一定代表了自然的治愈原则
> ……除法（或是乘法，也会产生了相同的减少事物规模的
> 效果）不仅仅代表了治愈原则，还代表了进步……从目前
> 疾病缠身的世界，恢复到一种健康的平衡状态的唯一方法
> 是……将那些超越可控范围的社会单位进行分割。

分割是贯穿于所有动物细胞之内的一种基本原则，也是成长和发展的原则。人类大脑的力量来自于数百万细胞的分化和分工，而人类的力量来自于数百万年前从一个共同的祖先分化出各种不同的文化、语言，这样的多样性在其他哺乳动物中是无可比拟的。就像书通过分为章节，房屋通过分为房间，船舶通过分为舱室而有所提高一样，人类社会也会通过分割为区域、再将区域分割为地区、以及将城市分割为社区/共同体而得到进一步的改善，这是在所有文化中共通的一种自然现象。

这一原则对于处理人类事务尤为重要，因为无论当代精明的商业活动家和经销商们怎样认为，人类大脑的能力都是有限的，人类智慧在自我管理的能力上也是有限的。正如在自然界中，万物生长到一个适宜且既定的尺度就会停止生长，人类社会也存在一个适宜的规模——即人类具备最佳应对能力的规模，而一旦超越这个规模，就应当理智地停止发展。规模的大小可以根据环境条件（例如温带森林要比沙漠更具有易居性）、或个体集合的特殊能力而有所不同。但超过一定的最佳限度后，社会将会不可避免地陷入困境。正如人类学家威廉·拉什杰（William Rathje）这样阐述道：当数量规模翻倍时，它的复杂性——需要交换的信息、需要作出的决定、必要的控制、需要作出的再调整，则需要翻两倍，从而产生的稳定、和谐问题要远远快于人类智慧可以解决它们的能力。在发展曲线超越一定限度后，某种状态的分割——分隔、切分、分裂、重新安置、分区——必然会受到欢迎。

这当然也是历史上许多社会得以维持和平与和谐的一个原

则。早期部落社会总是保持在有限的范围之内——常常在 500 人左右，也就是我早先提到的基本的村落规模。当他们超越这一界限时，通常会鼓励一小部分人或家庭去寻找自己的水源，建立自己的村庄。希腊城邦也保持着有限的规模——通过分割，也经常通过在合适的岛屿或山谷建立起新的殖民地——一般维持在 8000—10000 人左右，也就是早先提到的部落规模。18 世纪时，新英格兰的城镇不断地进行着分裂和重新安置，或是在城镇本身的界限内（其中的一个原因，是马萨诸塞的一个村就有三到四个公理教会存在），或是依据山脉、河流（这也是这一地区的小城镇形成独特的居住模式的一个原因）。而瑞士长期以来，一直维持着和平与和谐，也是因为其执着地坚持着各州分治的思想。分割，就像其他所有事物一样，在这里被认真地对待，必要时甚至会把一个经常有争议的行政州分为两个独立的个体。

很显然，"分割"作为显而易见的一种解决社会问题的思路，一直被民族国家政府提出的"民族团结""爱国统一"等口号所掩盖。但近年来，它被一些学者重新有力地提出来，其中尤其著名的有刘易斯·芒福德、E.F. 舒马赫、利奥波德·科尔（Leopold Kohr）。简·雅各布斯——一位对于城市有着睿智观点的哲学家，最近在她的《城市与国家财富》（*Cities and the Wealth of Nations*）一书中提出，（陷入持续不断的经济衰退的）国家对某种"彻底的非连续性"的需求：

> 彻底的非连续性将会把一个单一的主权划分为一系列较小的主权，在事物远非达到解体阶段之前，在当事物仍然保持良好发展的时候。在这样的社会中，主权通

过分割而增殖，将是伴随着经济发展，随着经济和社会
生活日益增长的复杂性而产生的一种正常的、非创伤性
的结果。当需求出现时，划分出的主权还会产生进一步
的分割。这样的国家将会以其他形式的强大生命力取代
单一强大的力量，不只是单纯地生存，而是再生和繁衍
下去。

雅各布斯将此称之为"理论中的假想"，似乎不觉得它有多
大机会可以在当前世界中得以实施，但她也列举了挪威从瑞典的
分离，以及新加坡从马来西亚的独立。我们还可以加上比利时从
法国、孟加拉从巴基斯坦、阿尔巴尼亚从土耳其、奥地利从匈牙
利的分离，以及稍有不同，朝鲜和韩国，西德和东德。无论它们
之间存在着多么巨大的差异，一个显而易见的事实是，在这一层
次的分割至少不会导致被分割国家的崩溃和停滞。相反，它似乎
给新的能量及能力带来了更多发展、繁荣的空间。

对于生物区域，分割原则可以从两个不同的层面合理地应用
于它的社会管理。

首先，对承载能力具有高度认识的生物区域城市，分割是一 131
种显而易见的人口调节方式，无论是通过物理分割把城市分为两
个或更多的子城市，还是通过诱导，将一部分人口转移到新的地
区。在欧洲几个国家的经验表明，自愿移民并不是一项难以实施
的社会政策，尤其是当许多人喜欢居住在大城市之外，希望可以
有新的工作以及新的家园时。在生物区域中——为农场和小城镇
而大力发展乡村地区将是其首要任务，而接近土地的生活也将成
为符合盖娅生活的一种偏好——自愿移民应该是一件非常容易和

自然的事情。

其次，对于一个大的生物区域，随着人口增长或文化差异的扩大，将会遇到越来越多棘手的问题。划分为更小的生物区域将是一种自然的方式，可以重新将精力集中于那些被忽视的地区，再次引导它们的复苏。一个生态区（ecoregion）随着时间的推移可以很容易地分为几个形态区（morphoregion），尤其在因环境特点而产生出不同的人类经济及文化类别时，很可能在什么时候就会觉得有宣布自己独立性的必要。我可以很容易地想象，因哈得逊河口的物理特征（更不用提及河口还存在一个相当大的城市——这样一种特殊性），最终会使得它发展出一个与哈得逊上游河谷有所区别的生物区域社会。这样，一个地理区（georegion）就被分为两个相容但又独立，且更为强大的地区。这一过程将是非常自然和生态的。

我记得自己曾经和利奥波德·科尔一起讨论地域分区的问题。我不停地盘问他，用各种假说向他挑战。最后，他向我倾身说道："我一直试图找到一个具体的景象可以清楚地说明这个问题。现在我找到了。你可以想象自己端着一个很浅的、边缘不到一英寸高、装满水的长盒子。你要端着它走过一个房间，会发生什么事呢？走不到一半你就会洒掉大部分的水。这也就是为什么"，他闪着胜利的光芒向我眨眨眼说，"人们发明了冰块盘。而冰块盘的成功就是基于这样一种想法——分割使事物变得更易于掌控"。

• • •

我很想将对生物区域模式的讨论这样一直继续下去，例如接下来可以探索生物区域世界中农业将会是什么样子；详细研究宽敞便捷的城市建设；概述生物区域的健康、教育、交通、能源、交往以及其他许多方面的事情。但这显然超出了我的范围，很可能也超越了我的能力。我想这些最好留给生物区域的公民们，随着生物区域的发展，让他们承担起自己的任务，在时间的推移中不断学习，不断加深对生物区域的认识。我相信，只要加强在规模、经济、政体和社会这四大范畴的研究（这些我已提出的生物区域模式的基础、骨架以及一些肌肉），就会给生物区域构想带来一些生命和活力。

第三部分
生物区域工程

　　归根结底，美国区域主义的问题即是美国文明的问题：在持续不断的发展过程中，逐渐实现最适宜美国男性及女性的文明形式。

——费利克斯·法兰克福特《区域主义在美国》
(Felix Frankfurter，*Regionalism in America*)

　　只有我们知道我们实际上已陷入地狱，我们所面临的只有"社会的消亡以及所有文明关系的消失"，我们才能鼓起足够的勇气和想象力来实现一个"转身"，一个洗心革面的变革。这将使我们以新的目光看待世界，也就是说把世界看成一个可以实现那些设想的地方——实现那些现代人不断谈论却总也无法完成的事情的地方。

——E.F. 舒马赫《困惑者指南》
(E. F. Schumacher，*A Guide for the Perplexed*)

9. 历史状况

多年以来我一直在收集一组资料，到现在已经颇为可观。为了贴切地描述它的内容，我给它命名为"如何实现"。在这一组资料中，我把所有收集到的各种各样改变世界的策略都放在里面，细微的和宏伟的，可行的和愚蠢的，成功的和毫无希望的，而它的文件名是我经常在演讲时被问到的问题的缩写——"你的设想似乎很有道理，你所描述的世界听起来也似乎更美好，也许正是我们所需要、可以拯救我们的世界，但是我们怎样才能从现在这个世界实现你所描述的那个世界呢？"

显而易见，这是一个没有确切答案的问题，因为没有人知道或是可能知道。那些导致大规模社会变革的条件，不只是在每一个世纪、每一个地点都有所不同，而是几乎每时每刻都在发生着变化，各种可能性的旋涡就好像不可预测的风一样。此外，这个问题还蕴含着一个深刻的矛盾——这个问题恰恰是这个科学主义世界的产物（即这个世界的产物），就像它预先设定的程序、路径以及提供的答案一样。任何这样提问的人都还没有真正地认识到，对于这个问题并没有一个单一的解决方案，并没有一个单一的路径可以通向生物区域世界（即那个世界）。通向那个世界的过程并非像在计算机中一样是一个整齐的线性关系，而是如同在生活中一样，充满自然的多样性。

但这个问题还是有一定相关性的。它充分地体现出当今世界对这样一项有价值、有意义的政治工程（不仅仅是想一想，而是要实现这些方案的一种严肃的方式）急切而明确的需求。因此，它值得被彻底而诚挚地面对，而非回答。

而且至少对我来说，在这里生物区域主义已揭示出自己独特的力量——指出如何依靠自身力量来"解决问题"，对实现策略提出了一些实用性的观点，以及解决问题的思路和方法。我认为它指出这项工程不仅仅是一个结果，而是一个过程，不仅仅是一个目标而是一张地图。

当然，过度夸大它的作用显然是错误的。但在我看来，它满足所有有效政治工程的基本条件，特别是以下三点：它根植于历史，不只是存在于人类历史中最为普遍的传统社会，而且也根植于过去三个世纪以来的美国人民之中；它非常符合当代趋势——工业世界中随处可见的趋势；它对未来的展望看上去真实、可行，而且据我们所知，在实现的过程中也并不需要非凡的技术或是心理上的痛楚。

对这三个条件的探讨将在以下章节展开。

· · ·

一项政治工程的第一基本条件是它来自于真实的历史环境，来自于一种真实状况，而并非只是人们的期望。生物区域主义充分符合这一项要求，因为我们已经看到它只不过是古代世界感知的现代翻版，不仅仅可以追溯到古希腊（正是他们给予了它盖娅的形式），还可以追溯到已知的最早的定居社会。有那么多文明在那么多的环境下都接纳了这种智慧，而且在生活中使用了百万年之久，它必定蕴藏着非凡的意义。

但为了避免这个概念看起来过于模糊，或是与简单且不可恢复的过去联系得过于紧密，让我从美国本土，从更近的时代提供一些证据来证明这一概念的历史有效性。就像艺术品交易商通过提供艺术品的来源证明（*provenance*）来证实其旧主的真实性一样，我建议生物区域概念的合理性也可以通过它在美国土壤中的根基来确定。

美国诗人沃尔特·惠特曼（Walt Whitman）指出我们是"万民之邦"（a nation of nations）——由众多民族组成的国家——从东海岸到西海岸并非只有一种民族，而是不同的州、不同的山谷都居住着不同的人。区域主义始终贯穿于美国的历史，而且也成为美国的一种代表，就像苹果、桃子、波士顿奶油、肉馅、糖馅饼、波本威士忌、杏子、枣子、山核桃和酸橙派一样。无论是将其认定为派系主义（sectionalism）、地方主义（localism）、分离主义（separatism）或是否决主义（nullificationism，即认为州有拒绝执行联邦法令的权利），也不论是和杰斐逊派（Jeffersonians）、调控派（Regulators）、重农派（Agrarians）、农民协会（Grangers）或是州权派（States-righters）联系在一起——这些仅是出现在我们历史中的一部分名称——区域主义已贯穿于美国的生活，存在于它的政治经验和社会模式之中，也存在于它的语言、食物、住房、文学、宗教、民间艺术和幽默感之中。

从浩如烟海的学术证据中，我选取了四个事例。从数量上来讲确实很少，但这些都是知识巨匠，在 20 世纪的美国学者中占据着重要的篇章。

弗雷德里克·杰克逊·特纳（Frederick Jackson Turner）。虽然特纳在职业生涯的最开始——于 1893 年即发表了《边疆在美国历史上的意义》（*The Significance of the Frontier in Amer-ican History*）这样一篇令人铭记于心的论文，并立即受到瞩目，但他实际上把自己毕生的精力都倾注到他称为《地域在美国历史上的意义》（*The Significance of the Section in American History*；这是特纳于 1924 年，在他职业生涯的最后撰写的一篇论文）的研究中。而其中的"地域"也是他称之为"地理省"（geographic province）或"地理区域"（geographical region）的一种区划，一种与生物区域非常相似的划分。他这样写道：

> 在美国的每一个州中都有许多地理区域，主要（但不完全）在古老的地质力量的作用下形成，将州划分为更小的地区。这些州内的分区常常会跨越州界，与周边州的相似地区联系在一起，甚至与更大范围中的不同的地区联系在一起……届时，在更大的区域中会出现各地区的派系主义。而处于少数地位的地区派系时而会抗议其所在的更大区域中的政策，这时他们会发现自己与这个区域之外的相似地区具有更多的共同性。

对于特纳来讲，这样的分区是理解美国的定居和迁移模式、经济和政治历史、建筑、文学以及社会习俗的唯一方式。他认识到不同类别的地理环境会孕育出不同形式的区域发展模式：

> 美国人民并没有生活在一种单调一致的空间中。相反，即使在殖民时期，他们也是生活在一个个连在一起的地理省中，将自己具有可塑性的拓荒者的生活注入地

理环境的模具之中。他们也会修改这些模具，从那些他们所赢得、定居、且开拓发展的地理省中得到渐进的启示，但即使只是建设性地处理不同区域中的各种事物也会影响到他们的特质。他们所面临的并非是一种均质的环境，而更像是一种由不同的环境所组成的棋盘。

正是这种区域组成的棋盘可以最完美地表现出特纳所阐述的美国政治生活。作为一位历史学家，他看出那些分歧，那些似乎随机的政治对立以及意外的政策纠纷，实际上是一种基于地理区域的竞争。他总结得出：

> 从我国历史最开始的众议院和参议院的投票可以发现，在根本问题上党派的投票往往会出现分歧，而非保持一致；如果这些投票按照议员当选的国会选区或是州来列表对照，而不是按照字母顺序排列，就会发现其中贯穿着一种地域模式……与地域性投票相比，立法受党派的影响要更小。

考虑到倡导者的声望以及特纳辛苦扎实的论证，人们可能会认为被称作"地域理论"的思想（sectional theory）一定会风靡历史界，并在大众意识中留下深刻的印象。但实际上却并非如此，因为他的观点有悖于当时的时代潮流。

当欧洲在 20 世纪的第一个十年中，出现了一系列的学者以区域角度重新审视欧洲和世界时——其中著名的有维达尔·德·拉·布拉切（Vidal de la Blache）、弗里德里希·拉采尔（Friederich Ratzel）、弗雷德里克·勒·普莱（Frédéric Le Play）和帕特里克·格迪斯（Patrick Geddes）——美国的学术研究回避了一切可能挑战统一及同一性神话（这些美国爱国主义所严重依存的事物）的课题。特别是在那个时代，除去两场高度强硬的外交和排外战争之外，美国经历了一段不同于以往任何时期的集中，以及国家整合阶段——在这一时期，国民政府第一次宣称其对公民收入课税、为军队征集任何（以及所有）平民、建立国家银行体系、创建全国警察系统以及对个人酒精摄入实施控制的权力。

因此，那个时代对存在于假定的国家统一体之下的地域差异，完全没有一点热情。而特纳的研究，虽然不能被贬低，但在大多历史权威中却被视作一种近似于尴尬的事物。[①]连他自己的研究生都很快明白，还有其他更有利的专业发展途径。毫无疑问，这种冷遇，这种对他认为在历史学中无可置疑持有重要意义的概念的冷漠态度，使得特纳没有撰写出更多的著作。不同于他的大多数同僚，他生前只撰写了两部著作（而其中一部还是以前发表的文章的合集），而他的代表作——《地域在美国历史上的意义》和《1830—1850 年的美国：国家和地域》（*The Significance of Sections in American History and The United States 1830-50：The Nation and Its Sections*）直到他去世后才得以出版。这也许并非偶然，这些著作在一个与他所生活的时期颇为不同的时代问世——在 20 世纪 30 年代早期，国家制度的惨败使得关于美国是怎样、又该是怎样的各种解说得以复苏，实际上，甚

—————————

① 也许有些极端，但从 1922 年的一条专业评审意见中可以看出人们当时的反应，评审意见为"相当接近于叛国。"

至鼓励人们在（经济发展所要依赖的）地域振兴上的兴趣。

特纳于 1932 年沮丧抑郁地辞世。他不知道在新的时代他的《地域在美国历史上的意义》（*Significance of Sections*）虽然被大多数历史专业人士所冷漠，但却被授予了 1932 年度普利策历史奖（Pulitzer Prize for History）——这要在很大程度上归功于一位年轻的、名为艾伦·内文斯（Allan Nevins）的历史学家。

刘易斯·芒福德。并不奇怪像芒福德这样才华横溢且涉猎广泛的思想家会欣赏美国区域主义，但这里重要的是，他不再是孤单一人。

正是在特纳因自己未能说服美国需要"蓬勃发展的，以省为单位的高度组织性的生活，以防止全国范围的从众心理"，而感觉最沮丧的十年中，芒福德正在纽约促成一个以同样目标为己任的团体（很显然特纳一点都不知道）。这个团体被称为美国区域规划协会（Regional Plan Association of America，简称 RPAA），并在其短暂的出版和宣传期（1923—1933 年）中，将自己确立为几乎最具有创新性以及影响深远的区域组织，成为这个国家中前所未有的，在许多方面都最具有先驱性的规划组织。美国区域规划协会在那些年中，为建设"以区域为规划的基本框架"而开展的一系列全面细致的研究，被英国规划专家弗雷德里克·J. 奥斯本（Frederic J. Osborn）这样评价道："构成了美国规划史中最重要的，且仍未完成的一章。"

芒福德与其同僚于 1925 年在杂志《图解调查》（*Survey Graphic*）特刊上的讨论，完成了美国区域规划协会在学术研究上的奠基，并在随后开展了对崭新的区域规划的探讨。从对芒福德简明表述的一些引用中可以清楚地看到，生物区域的传承有多么深远，其构想有多么古老。

区域规划并不要求在大都市的庇护下获得多大的区域，而是要求人口和城市设施的分布是以促进和激发整体区域（任何具有一定相同的气候、土壤、植被、产业和文化的地理区域）充满生机且有创意的生活为目的。区域主义试图规划这样一个区域，其所有的场所和资源，从森林到城市，从高地到水平面，都能够健康地发展，使得其人口分布将有利于，而不是消除和破坏它的天然优势。这种规划把人、产业和土地看作为一个整体。

我相信这段话听起来一定很熟悉。而下面一段也是这样：

区域规划认为人口减少的乡村和拥挤的城市是密切相关的，它认为我们因忽视（作为一个整体的）区域的潜在资源，即因为无视存在于我们伟大的铁路的终端和连接点之间的所有资源，而浪费了大量的时间和精力。致力于永久性的农业，而不是掠夺土壤的肥力；开发永久性林业，而不是木材开采；建设永久性的人类共同体，致力于生命、自由和对幸福的追求，而不是临时搭建的住所和棚户区；建设长久坚固的建筑，而不是那些我们"许可的"的社区样品或临时支架（即二十世纪二十年代不断增长的郊区）——这一切都体现在区域规划之中。

芒福德的结论颇具现代色彩，的确，它在今天和在当时一样，都具有同样的正确性。

> 实现这一新的权力分配的技术手段就在身边。我们所面临的问题是，自行运转的物理和金融力量是否会压制我们不断增长的需求——我们对一种更重要、更幸福的存在的需求。或是通过协调努力以及创造性地把握机会，我们是否可以重塑我们的机构，以促进区域发展——这样的发展将消除我们巨大的经济浪费，给稳定的农业赋予新的生命，在人性化的尺度下制定新的社区/共同体。尤其是在被榨干的地区恢复一点点自由和幸福。这是一个贯穿我们当前诸多政治和社会矛盾的问题，它将以新的视角来看待其中一些问题，也会使其中的一些问题失去探讨的意义。我们是会选择区域主义，还是超级拥挤？

143

可惜的是，这个问题在 60 年后可能仍会被问起。

虽然区域规划协会于 1933 年被解散，因为相信（事实结果表明这是一种误信）其思想已被罗斯福新政（the New Deal）所吸收。但芒福德自己从未放弃这样的区域理念，这种思想一直以这样或那样的方式贯穿于他之后所有的著作。他或许最为雄辩的关于区域的声明发布于 30 年代末期（一个对他似乎颇为有利的时代）——"对区域再次注入活力以及对区域的重建，就像是一种深思熟虑而谨慎的集体艺术，是属于新一代的宏伟政治任务。"

当然事实表明，那一代人专注于完全不同的事务，把精力投入到到处建设国家级的政府，对区域造成破坏，使区域失去了活力。尽管如此，芒福德的愿景，就像在他 1938 年的《城市文化》（*The Culture of Cities*）中所表述得一样，依然具有合理性，且充满活力：

> 我们必须在每一个区域，从学校开始，使人们习惯于人文主义的态度、合作的方式以及合理的控制。人们会详细了解他们所居住的地方以及他们该如何生活：他们将通过（对自己生活的景观、文学和语言以及特有的地方方式的）共同感联系在一起。基于自己的自我尊重的经验，他们将会赞同和理解其他地区以及不同地区的特点。他们将对地区形式及文化表现出积极的兴趣，因为这些也意味着自己的共同体及个体的个性。这样的人，将会对我们的土地规划、行业规划和共同体规划提供自己的认识，并表现出实现自己愿望的强烈意愿。

详细了解在哪里以及怎样生活，即是生物区域的目标。

霍华德·奥德姆（Howard Odum）。20 世纪 30 年代的十年，为区域主义理念提供了天然的苗床。在学术界，区域主义在诸多学者的关注下得到欣欣向荣的发展，从地理学家到社会学家，从经济学家到生态学家，从历史学家到人类学家，从建筑师到文学批评家。在所有被它吸引的学者中——有极具声望的鲁珀特·万斯（Rupert Vance）、约翰·克劳·兰塞姆（John Crowe Ransom）、艾伦·泰特（Allen Tate）、卡尔·O. 绍尔（Carl O.

144

Sauer）、罗伯特·派克（Robert Park）、斯图尔特·切斯（Stuart Chase）、费利克斯·法兰克福特（Felix Frank-furter）——没有谁比霍华德·华盛顿·奥德姆（Howard Washington Odum）更加勤奋，也没有谁比他的研究范围更加广泛。

虽然奥德姆是一位社会学家，但他周围的北卡罗尼纳大学的区域研究学院在那十年中的迅速发展，反映出当时社会对区域研究的多学科、全方位关注。在近 20 年中，奥德姆和他的同事们出版了二十余部著作、数十篇学术和学位论文、数百篇学术文章（在奥德姆的季刊——《社会力量》（Social Forces）上就刊登了 59 篇）。这些著作和论文都在阐述区域主义"很可能是一个更好地了解过去的关键，"奥德姆这样说道，"也是了解未来更为丰富的发展的关键。同时，也是对我们社会的理论研究及它新的领域，实现务实规划的关键所在。"所有这些努力的核心是他与哈利·埃斯蒂尔·摩尔（Harry Estill Moore）于 1938 年推出的庞大的研究著作——《美国区域主义》（American Regionalism）。

但可惜的是，奥德姆是一位糟糕的作者。过分拘束于美国社会学的传统，其著作的冗长也在一定程度上消弱了著作本身的影响。尽管如此，这部著作依然是严谨而全面的，涉及社会科学的方方面面。它展示出在美国已开展了多少与区域相关的工作，以及对于今后进一步的学术研究和大萧条之后的美国重建，对区域理念的理解是多么地重要。

与特纳和芒福德一样，奥德姆也从环境开始着手：

无论区域主义的其他特征是什么，它的首要特质表

145

现在地理因素上。区域主义理念的基底是——社会现象可以被最好地理解，当它们与发生的地区联系在一起作为一种文化框架来参考时……对于一些区域主义者，这意味着社会现象是由纯粹的物理客观实际，如地质、地形、气候而决定；而对另一些人，则意味着物理环境和表现物理实际状况的植被、动物、由人改变的自然面貌等等，会发生一些适应性的改变——而人根据其他因素，例如文化，却不一定会做出这样的改变。

奥德姆随后开始尽可能地大量考察了各种"因素"。他所列举的美国区域主义的广泛性及复杂程度可能至今都无法超越。他引用了地理学家的 700 个的土壤区和 514 个农业区、生态学家的 17 个流域和 97 个河谷、城市规划者的 183 个大都市区和 683 个零售—购物区，以及人类学家的美洲印第安"文化区"、历史学家的地域和省、政治科学家的多元论和联邦制，以及文学评论家在南方、西南、新英格兰和大平原的不同文化氛围。但主要是经济学家的工作（也是由于当时的时代背景），是他最感兴趣、也是他分析中最具有说服力的领域：

> 区域主义……代表着自助、自我发展和主动性的理念和方式。在其中，每一个地区不仅仅是得到帮助，而是致力于自身资源和能力的全面发展。区域主义思想认为财富再分配和机会均等化的关键，将会从各个区域创造财富的能力中发现。并在新的商品消费范围内，通过平衡的生产和消费计划，保持其财富和能力。

146

因此，区域主义本质上并非是稀缺的经济，而是富足的经济。最后，所有的人都可能获得充足的食物、衣物、住房、工具和职业机遇——一种和生产一样，可能通过区域模式实现的成就。

《美国区域主义》（*American Regionalism*）是学术研究中的一部巨作，同时也是关于美国现实无可辩驳的证据。尽管区域主义理念曾经颇为流行，也尽管奥德姆在之上又花费了十年的努力，但在 20 世纪 30 年代之后的二十年极端的中央集权制度下，区域理念并没有取得太多的进展。奥德姆的杂志——《社会力量》，在他的引领下曾完全致力于区域研究，在 50 年代却只刊印了五篇，而在 60 年代，一篇皆无。

国家资源委员会（National Resources Committee）。在研究硕果丰硕的大萧条时期（30 年代），甚至连联邦政府都卷入到区域主义之中。而且令人惊讶地成立了一个做出许多详实研究的机构，证明了在事实上美国只能被理解为"万民之邦"——一个由众多民族组成的国家。

在 1935 年发布的核心文献——《国家规划和发展中的区域因素》（*Regional Factors in National Planning and Development*）中，委员会相当直率地写道：

区域分化……从结果来看可能是美国生活和文化的真实体现……远比对州的意识和忠诚更加充分地（反映出）美国人的理想、需求和观点。因此，人们可能会得出这样的结论，区域理念不应只是被保留，而且应该作

147

为国家规划和发展的一个主要因素，被加强和运用。

这段话说得很真诚——尤其是对于华盛顿，可以说是相当地坦白。从中我们可以看到这样的必然思路——至少一些政府行为应该分权到区域层次：

> 发展——在现实中政府的全部计划，不仅仅是由州及国家的态度和愿望来决定，很重要的一部分需求和目的，来自于"区域意识"和"区域性意见"这样只能被描述为"区域"的范围。

这份报告自然也包括了所需要的免责声明，关于区域政府应该承担多少职责时报告这样写道："这里讨论的'区域主义'并非是指美国的分裂"或是有着"民选官员、立法机构和征税权力"的"新的独立主权形式"。但是出于自身逻辑，报告里也不止一次地推荐了与上述形式相近的体制。报告中谴责了"中央决策的过度集中"，并指出决策的分权化和"地区自我意识的刺激及激励"最终会提供"对公民事务更为分散化的领导"。报告还认识到国家的基本问题是无法由联邦政府甚至州政府来解决的，"不能按照州的划分，而是应当按照区域单位来应对、解决问题，因此不必再经常按照现有的政治安排来处理问题"。

在结束时，该报告甚至承认自然资源基本上是区域性的，并且只有认识到这样的事实，国家的经济问题才能得到最好的解决。而且报告还几乎令人惊讶地提出这样的思索——由区域来掌握自身资源的未来将会是怎样的——"这样的区域是应该基于自

身资源特点寻求专业化，形成像国家一样的有机整体，还是应该
寻求自治自律呢？"

很显然，这是华盛顿中一段颇为激动人心的日子。所以并不奇怪，报告以一个美好的音符来收尾——"区域主义"，报告中自信地写道，"在近年取得了巨大的进步，并有望得到稳步快速的发展。"

· · ·

当然，它并没有实现这样的预期，因为变幻莫测的历史以及害怕分权的人们制定的那些刻意的政策。区域主义被迫经过长达几十年的等待，经过所谓的超级强国的"美国世纪"（the American Century）的尝试，政府才开始声称自己作为庞大国家的失败，其产业的单一化弊病才开始显现。

当然，可以肯定的是，区域发展的倾向并不曾消失，因为它有着深远的根基。即使在 20 世纪五六十年代，也仍然存在着区域发展的明显痕迹：美林·延森（Merrill Jensen）的一册重要的学术手册——《区域主义在美国》（*Regionalism in America*）出版于 1951 年，在它的前言中，费利克斯·法兰克福特（Felix Frankfurter）这样写道："区域主义是人们对难以处理的多样性的一种认识"；一个区域科学协会成立于 1954 年；州和区域的比较政治分析在 20 世纪 50 年代末期及 60 年代初期颇为盛行；60 年代，区域规划已成为院校的固定学科；联邦政府于 1961 年成立了地区发展和区域行动委员会（Area Development and Regional Action Commissions）；伊恩·麦克哈格（Ian McHarg）具有开创性的《结合自然的设计》（*Design with Nature*）出版于 1969 年。以上这些仅仅是在历史中一瞥之下的亮点。但是直到最近，区域主义才真正迎来它的文艺复兴时期。

　　因此，生物区域主义并非是一个新的概念。相反，它是一个
非常古老且具有多种含义的概念在当今的一种表述。这样的根基
向它的拥护者传递了这样一种信息——一种几乎没有其他运动可
以给予的信念：生物区域在美国有着悠久的传统，而且一直被人
们所珍视。而这些就是生物区域主义有效且具有权威性的来源
证明。

149

10. 现代趋势

虽然偶尔也有政治运动，明显违背了当时时代和文化的主导潮流而取得了成功，但实际上，这些运动往往顺应于社会最深层和最长远的趋势，有时即便是它的追随者也不一定能意识到。

在 20 世纪 30 年代，甘地开始领导印度人民反对英国统治时，这一运动从很多方面看起来都显得荒诞离奇。许多殖民地官员和不少印度总督一定会说，这是一场完全错误的、企图否认英国殖民主义历史必然性的运动。然而，它不仅是一场真正地、强烈地，（即使是潜在地）反映出大多数印度人对独立、自主的愿望的运动，也是全世界鲜明的民族权利与民族宣言运动的一部分。

同样，美国的公民权利运动在 20 世纪 60 年代开始时，对于很多人，甚至很多参与的人们来讲，都是一场勇敢但徒劳无功的运动。因为它反对的是南部几十年来根深蒂固的习惯和权力，以及整个社会对种族主义复杂的默许形式。然而，这场运动与长久以来追求平等、公正的美国价值（至少是公开自称的价值）以及第二次世界大战以来不断增长的对种族歧视的内疚感保持了一致，也是从加纳独立到越南革命，整个世界的民族自豪感和力量宣言的一部分。

一种政治趋势是不能违背其社会潮流的，不会成功，也不能长久。如果非要尝试，它充其量也只能产生一段暂时的逆流，卷起一波短暂的回旋，或是在边缘绕着圈子成为一种无害的旋涡。可以肯定的是，它是可以偏离主流的，可以有自己的路线，甚至自己的通道，但它不能扭转或是否认它所存在于其中的大的趋势和导向。这就是为什么大多数革命之所以失败的原因，而那些似乎成功的也仍然是原来社会的一部分，有的只是创造出更多它们原想要推翻的事物——例如拿破仑"大帝"或是"沙皇"斯大林。

• • •

我们现在应该已经很清楚地知道，生物区域主义是一项前途光明的政治工程。因为它与当代世界的许多根本趋势完全吻合，特别是在美国。是的，它对当前的许多错误观点持反对意见：它以工作职位来反对污染，以安全来反对核恐怖，以节约来反对增长，以进步来反对破坏，以利润来反对掠夺。它从肌肉和血液中，完全地表现出 20 世纪末期的基本趋势，它的愿景远比亚当·史密斯（Adam Smith）或亚力山大·汉密尔顿（Alexander Hamilton）或安得烈·卡耐基（Andrew Carnegie）的理念更加切合于现实状况以及自然需求，然而我们却在这些人的指引下，这么多年来一直坚持着错误的方向。

152　　　首先，生物区域主义是全世界对环境问题深切关注的明显体现。自从斯德哥尔摩会议（the Stockholm Conference）以来的短短十年，环境问题已经影响到全球的几乎每一个普通公民以及每一项公共政策。

它基于且在某种意义上从最近几十年来席卷全球的女权主义热潮中获取到灵感，表现出养成性、整体性、共同性和心灵性等妇女运动哲学的特点。

它对近年来所有发达国家和大多数发展中国家中所显现出的

过度巨大、中央集权政府以及任意的权力，表现出极度的不信任，并加入那些在大多数工业国家广泛、却仍处于初期的运动——那些被称为"后院民主""草根政治""公民授权"或是"共同体控制"的运动中。

最重要的是，生物区域主义是对所有现代最深层的趋势——在近五个世纪以来，作为西方世界特征的工业经济、大众社会、民族国家，这些既定形式及系统的解体趋势——的一种自然、渐进的反应。我在其他地方整理过一些赞同这一解体趋势（现状或是结果）的学术意见，在这里我可以自信地说，所涉及的学者范围涵盖了所有的学科，从物理到哲学，并涵盖了所有的政治派别，从无政府主义一直到专制主义。无论这种解体是否预示着"稀缺时代即将到来"（引自 the Club of Rome），或是"权力的衰落"（引自 Robert Nisbet），或是"美国时代的结束"（引自 Andrew Hacker），或是"即将到来的黑暗时代"（引自 L. S. Stavrianos），它似乎都无情地将我们带向某种权力调整的征途，去寻求更具有创造力和应对能力的政治和经济制度。而对于这一点，生物区域的构想似乎尤为适当。

此外，还是更加非凡、贴切的一点可以表现出生物区域所传递的信息与其时代的基调是完全一致的。因为这一点可以最好地体现出，对于我们这个时代，生物区域理念不仅仅是具有适宜性，而且还会具有最好的效果，我将在下面展开较为详细的论述，从全球和美国两个方面入手。

• • •

我在前面提到，几年前政治学家哈罗德·伊萨克斯（Harold Isaacs）指出，战后独特的政治现象显现出"世界正在分裂为碎片。"他在著作《部落偶像》（*Idols of the Tribe*）中这

153

样写道：

> 这种对所有权力以及集团关系的冲击，波及整个世
> 界。是权力系统或是更大系统崩溃、削弱的结果，而这
> 一系统在一段时间内，一直设法把一些独立的集团保留
> 在一个主导集团或是团体联盟的控制下。

以伊萨克贴切的表述，这是一个旧的政治形式和拥护者的"碎片
化"过程。而其证据，一个个生动的碎片，可以说随处可见。

事实上，尽管在支撑旧的帝国制度、大陆联盟以及虚假的世
界性组织上花费了巨大的精力和费用，在对近四十年历史的审视
中，我们却可以看到，世界并不是向着更大、更统一，而是向着
更小、更扩展、更分割的方向运动。在 1945 年联合国成立时宣
称有 51 个国家；而到 1985 年已有了 159 个，且不包括十几个不
是会员的主权国家。在 1945 年全球有六个公认的帝国；而今天
却一个也没有了。而两个并不算被公认的帝国——美国和俄罗斯
——现在已明显地削弱、脱节，都在以残酷的战争来维护着其所
存的霸权。

还有一个更深层次的进程，也沿着同样的方向运作。虽然经
常不被注意，但却有着同样强大的力量。那就是民族国家自身的
衰退，一种来自于倍增的民族国家内部不断增强的力量以及自我
管理的本能需求。在某些情况下，通过它们的组成部分，形成独
立和自治。这一运动在某些形式下表现为分离主义（separatism），
而在另一些形式下则表现为区域主义。

• • • •

英国历史学家埃里克·霍布斯鲍姆（Eric Hobsbawm），把分离主义称为"在我们的时代中具有特色的民族主义运动"，以及"一种非常活跃、不断增长且有力的社会政治力量"。它在世界各地，在每一块人类定居的大陆上都随处可见，以各种形式存在于每一个国家。它的普遍性和持久性，即使是 19 世纪的民族主义热潮都无法比拟。可以说它反映了人类存在的一种基本模式，即使是复杂精密且具有着强大力量的现代民族国家，也无法根除它的影响。

因为数量过多，将全球可识别的分离主义运动一一列出，将会是一件冗长而乏味的事情。路易斯·L. 斯奈德（Louis L. Snyder）的《全球少数民族主义：自治或独立》（*Global Mini-Nationalisms：Autonomy or Independence*）中全面地罗列出 29 个国家的 58 个分离主义分支，却仍然欠缺了其他至少 20 多个国家的 45 个少数民族抵抗和分离主义组织——而这些还只是计算了呼声响亮、自我意识明确的运动，甚至不曾包括那些虽然可以识别，但反抗运动不很明确的亚群，例如西班牙的安达卢西亚人（Andalusians）、印度的拉达克人（Ladakhis）或美国的莫霍克人（Mohawks）。

只是从欧洲粗略浏览一下那些最活跃的运动，就会对分离主义现象的激烈程度有所了解。毕竟在欧洲，我们本可以期待找到世界上最古老、最强壮且最具有凝聚力的国家。但正是在这块率先兴起并发展出整个国家体制的大陆上的，我们可以确认出 36 个明确的分离主义运动：英国的苏格兰人、威尔士人、马恩岛人、康沃尔人、设得兰群岛人（Scots，Welsh，Manx，Cornish，Shetlands）；法国的阿尔萨斯人、布列塔尼人、科西嘉人、奥西坦尼亚人（Alsatians，Bretons，Corsicans，Occitanians）；比利时的佛兰芒人、瓦隆人（Flemings，Walloons）；荷兰的弗里斯兰人（Fresians）；斯堪的纳维亚（Scandinavia）的拉普人、弗里斯兰人、斯堪尼亚人（Lapps，Fresians，Scanias）；德国的巴伐利亚人、黑森人（Bavarians，Hessians）；瑞士的汝拉山人（Jurassics）；西班牙的巴斯克人、加泰罗尼亚人、加那利群岛人（Basques，Catalans，Canary Islanders）；意大利的西西里人、提洛尔人（Sicilians，Tyroleans）；南斯拉夫的克罗地亚人、波斯尼亚人、马其顿人、黑山人，塞尔维亚人（Croats，Bosnians，Macedonians，Montenegrins，Serbs）；罗马尼亚的德国人（Germans）；苏联的拉脱维亚人、立陶宛人、爱沙尼亚人、亚美尼亚人、阿塞拜疆人、乌克兰人，格鲁吉亚人（Latvians，Lithuanians，Estonians，Armenians，Azerbaijanis，Ukrainians，Georgians，且不包括亚裔分离主义者）。

换句话说，这些都是令人惊叹的证据——在这块理论上应该颇具凝聚力的土地上，分离主义的精神一直经久不衰。并且不是因为有任何外部力量的作用——没有共产主义的阴谋，没有资本主义的密谋，也没有来自于外国的压力——而是因为植根于这块大陆悠久的历史现实。

欧洲的分离主义——或是任何地方的分离主义——很显然，并不完全是生物区域主义。而且除了西德、英国的几个小团体以及美国的几个印第安部落外，没有一个分离主义运动表现出与生态政治的明确联系。但几乎所有引发分离主义运动的（民族、宗教或部落差异的）根源都在于地域间的差异，而许多团体在指定自己家园的边界时，也往往与一个清晰的、可被看作是生物区域的范围保持一致，通常最接近于地理区（georegion）。这一点很容易在像威尔士、科西嘉岛、汝拉或加泰罗尼亚看到，那里的少数民族区域与显著的地理特征几乎保持着一致。而在布列塔尼、阿尔萨斯或克罗地亚也是这样，还有俾路支、喀什米尔、沙捞越、厄立特里亚、魁北克以及迪内——即纳瓦霍地区（Diné Navajo-land）。

这里面没有什么特别玄妙的事情。真的。这些运动来自于长期生活在这些土地上的人们，他们与所在区域的历史可以追溯到许多世纪之前。而且正是他们生活的土地，赋予了他们现在努力想要保持的，在语言、服饰、音乐和民间传说上的差异。因为他们与他们的地理环境紧密地结合在一起。事实上，这些人作为拥有各自独立文化的单独实体，已经存续了非常久远的时期，尽管国家政府花费了相当大的努力想要消除他们的语言，摧毁他们的制度，否定他们的传承。

他们不仅仅存续下来，在今天的大多地方，他们的运动正在日益发展壮大，赢得越来越多的认可和自治权。迈克尔·泽韦林（Michael Zwerin），一位多年以来一直追踪欧洲分离主义运动的记者，得出这样的结论："几百年来一直摆向更大的政治团体的钟摆，现在正在回摆，就像外部的殖民地从帝国脱离，形成了第三世界一样，内部的殖民地——第四世界——正在努力从原先的国家中分离出来。"

• • •

另一种通常不那么激进的碎片化过程是区域主义运动，同样在过去的几十年中，不断增强其力量，日益壮大起来。

区域主义——将较大的国家构成分解为较小的、更易于管理的单位的意识，以及对于地区差异的自我意识——是一种不同于

157

149

分离主义的政治和文化力量，而且很少具有与分离主义类似的自治趋向。实际上，只要它不会威胁到任何国家的整体霸权，它常常是受欢迎的，在某些情况下甚至被国家政府所培育，通常作为一种具有可操作性的治理手段——在（不这样做就）可能导致过大或效率低下的国家中，作为提供服务的一种方式。但区域主义和分离主义一样，都源于同一种切身的需求，也是对于时代潮流同等重要的一种响应。

区域主义无疑是一种世界现象——英国区域专家休·克劳特（Hugh Clout）这样描述道：它"站立于国际政治舞台的前沿"——但在那些规模和数量都明显阻碍了有效的中央集权的国家中，区域主义表现出最强大的力量。无论是在像中国和俄罗斯一样严格的等级制度社会，还是像印度、巴西、加拿大和美国一样更加开放的国家中都是这样的。多年来，中国一直以全副精力调解（和管控）着众多的少数民族地区；而俄罗斯在过去十年中被迫允许各个独立的共和国增强自治及语言和文化方面的权利，以抑制高涨的区域主义热情。在印度，最初的发起只有二十多个地区，但近期来，地区的紧张局势已达到前所未有的高潮——其中最著名的是经受了 1984 年军队残酷镇压的旁遮普自治运动（the Punjabi Autonomy Movement）。在印度，即使执政党也被迫放弃了全国保持一致的幻想。"区域意识"，人民党资深国会议员赛义德·沙哈布丁（Syed Shahabuddin）这样说道，"将成为未来十年的主要斗争，以使中央、州和基层之间建立起一种新的平衡"。在加拿大，除了魁北克依旧强劲的分离主义运动之外，如何提高省的权力以及舒缓高涨的区域热情已占据了过去六年中的主要政治议程，在可预见的未来中很可能也会依然如此。

很自然，学术和政府机构对区域力量的反应是创建、发展出一门崭新的学科——区域发展与规划——现已成为几乎所有工业国家和许多发展中国家的政府，以及如世界银行和欧洲经济委员会等国际组织中的一个固定的组成部分。欧洲经济委员会自1972年起就对区域发展有着明确的方针政策，其共同区域基金（Common Regional Fund）在 1975—1980 年共投入了近 200 万英镑。世界各地已有超过 25 个国家建立了专门的区域研究机构和大学学部，出版了各自的教材、专业期刊，并发起了一系列的国际会议。

在美国，尽管有民族团结和爱国主义力量的不懈努力，在过去十几年中，区域主义的离心作用仍然达到了前所未有的高潮。"国家的巴尔干化已成为一种世界现象"，经济学家莱斯特·瑟罗（Lester Thurow）在 1980 年指出，"美国也无法逃脱"。"巴尔干化"（Balkanization，意指分裂、割据）——对欧洲南部民族差异的一种（实际上相当乎情理的）认知系统的贬义称谓——也被许多其他的观察家，从自由派的前内阁成员詹姆斯·施莱辛格（James Schlesinger）到保守派作家凯文·菲利普斯（Kevin Phillips）以及诸多评论家所使用。

十年前，《商业周刊》（*Business Week*）指出，出现了一种新的"州之间的内战"；华盛顿的一个研究集团——研究报告编辑社（Editorial Research Reports），在 1977 年刊发了一本关于"区域主义复苏"的宣传册；《国家杂志》（*National Journal*）于 1976 年对"区域主义兴起"刊发了长系列的论述，然后在1983 年又再次重申了这一趋势；《国会季刊》（*Congressional Quarterly*）在 1980 年的一份特刊中这样写道："毋庸置疑，区

159

域主义在美国依旧保持着强劲的势头，且带来正确、有益的作用。"在 1981 年的一个关于"区域多样性"的长期研究中，哈佛—麻省理工学院联合城市研究中心指出，尽管"在美国，区域间的政治冲突……总是占据着重要地位"，但"近年来，已从调解转为对抗"，特别是在经济领域：存在着"区域间经济差异凸现"以及"区域增长率之间的巨大格差"，而这些趋势"将会持续一段时间"。安·马库森（Ann Markusen），一位康奈尔的区域规划师发现，这种"新区域主义"是"现代政治生活的一个突出特点"，并指出"二十世纪七十年代在学术界、游说团体、区域组织以及州内部（尤其是在议会），出现了强有力的区域认知、以及（存在冲突的）利益主张"。

也许达纳·弗拉东（Dana Fradon）在《纽约人》（*New Yorker*）上的漫画可以表述得最为恰当。它画着一个人坐在酒吧，高高地举起酒杯，宣称道："为这个国家中我的地区，无论对错。"

区域复兴，不带有任何减弱的迹象，以各种各样的方式表现出来。《华尔街日报》（*The Wall Street Journal*）于 1982 年开设了每周发布美国地区报告的专栏。《纽约时报》（*The New York Times*）在 1984 年开始定期发布来自全国不同地区的"区域记录"。期待已久的《美国地区英语词典》（*Dictionary of American Regional English*）也定于 1985 年出版，从一个侧面证实了美国在文化和语言上鲜明的区域差异。区域间的竞争推动了如中西部研究所（the Midwest Institute）、新英格兰议会（the New England Council）、南方发展政策委员会（the Southern Growth Policies Board），以及西部州长政策办公室

（the Western Governors Policy Office）等团体的成立。而这些政治机构在议会中也设置有类似的决策委员会。报纸和杂志定期发布"新"的美国地区美食，就像《烹饪》（*Cuisine*）杂志所描述的——美国正"处于重新发现其地方美食的阵痛中"。大量的地区剧院（150 个主要团体）、地区舞蹈团（400 个）、地区电视和电影组织涌现出来，在文学界出现了文学评论家罗伯特·托尔斯（Robert Towers）称之为"新区域主义者"的人们。

这样大规模的浪潮当然不会错过大学学府。经过很长一段毫无兴趣的时期，20 世纪 70 年代，地理学家们又开始重新审视美国的区域研究。一份学术报告这样写道："区域概念——地球表面可被划分为具有不同特点地区的认识——构成了地理学的核心。"在 50 年代开发出区域科学（现已设立于 19 种期刊和 14 所大学的一门学科）的经济学家们，继续扩大其研究成果，在这个国家的每一个严谨的经济学系中，都创建了区域经济学（一位经济学家称之为"什么，在哪里，为什么，又怎样的学科"）以及区域发展学科。区域规划，直到 60 年代仍是一门边缘且滞后的学科，却突然获得了崭新的生命。规划者的数量成指数倍地增长（现已有 16000 多名专业人士），已有九种学术期刊、各种学术年会、以及超过六十多所关于规划的研究生院。近年来，区域概念已经成为与人类学、社会学、考古学和政治学一样的固定科目。

而且非常自然，区域主义也会采取政府形式。20 世纪 30 年代以来，正如我们所看到的，从 1933 年田纳西流域管理局（the Tennessee Valley Authority，以下简称 TVA）出现开始，区域规划和发展一直都是联邦政府所关注的一件事情。但直到 60 年

161

代，一直属于一种促进全国区域共同发展的努力。在 1961 年成立的一个地区发展局于 1965 年扩展为经济发展局，该部门创建的阿巴拉契亚地区委员会（the Appalachian Regional Commission），成为自 TVA 之后的第一个区域管理部门。在此之后，又先后成立了其他 11 个"Title V"的（受公共工程和经济发展法第五项审批的，Public Works and Economic Development Act of 1965——译者注）区域委员会和 1729 个较小的规划区。行政管理和预算局于 1969 年颁发了"A-95"条例，在全国范围创建区域规划和发展交流中心。该项目随后扩展为近 600 个地区议会以及 488 个子规划区，最终至少有 1932 个区域组织，计划和开展着联邦资助的各项服务。

• • •

区域主义之所以迎来这样一个非凡的文艺复兴时期有着多方面的原因——经济停滞所带来的经济竞争；新环境以及其带来地理问题；日益稀缺的区域资源；（必然具有地方指向性的）服务经济的增长；对联邦拨款的区域竞争；人口的增长和流动——但没有一个原因比国家政府已证明自己能力欠缺这一条更加重要。通过 20 世纪 60 年代和 70 年代，华盛顿越来越清晰地表现出，它无法解决日益增长的社会问题，甚至无法从全国这样一个规模层次来正确地分析它们。它所作出的所有承诺以及为此而投入的资金，通常看起来都是低效的——而卡特和里根的上台，都是源于人们对这种失败的自由主义的反对。

随着事物的发展越来越清晰地表明，这个时代大多数的严重问题，从空气污染到交通拥堵，实际上都属于区域范畴，而无论是国家、州政府，还是市政府都不能真正有效地解决这些问题。

这种认识使得呈爆炸式增长的"特区政府"（special district governments）——超越城市和州的边界处理水、卫生、能源、交通等等问题的区域机构——从 20 世纪 60 年代的 18000 个发展到今天的近 30000 个。

简而言之，区域主义在过去十年中的成长，主要是作为一种对所感知到的不足的自然反应，一种长期以来作为地理现实的根基事物的表层化，一种对特纳、芒福德和其他（关于美国是区域性的）旧观点的重申。虽然这种复苏发生得没有太多的连贯性，它的动机也没有被完全理解，组织得也不够完备，不能被公众很好地了解它的主要特点，但这并不意味着它是一种不适宜的反应，也不能减少它揭示出这个社会真正本质的重要意义。相反，它表明出现在真正需要的是再深入一步（或几步），以清晰明确的目的，开发我们的区域意识、文化和制度，使到目前为止在很大程度上被忽略或模糊理解的部分更加明确，并成为一种自我意识。

这正是生物区域主义所允许我们的，而这也是为什么它是如此符合其时代的一场运动。

11. 未来构想

也许最初看起来有些奇怪，或是有悖于常情，萧伯纳
(George Bernard Shaw) 会选择花园里的蛇来宣读那一名句——
"一些人只看到事物的现状，而后问为什么？另一些人则梦想从
来没有的事情，而后问为什么不呢？"是萧伯纳真的认为"为什
么不"这一深奥的问题隐含着一些邪恶呢？还是他在暗示这正是
最符合人类本性的一个问题，一个对夏娃和亚当来说最具有吸引
力的问题？因为这个问题源自于一种永恒的（对发展、丰富和细
化的不懈追求）的躁动，源自于对视野、能力和生活扩展的需
求，从最遥远的开端即是人类这一种动物的固有天性。梦想不存
在的事物，也许只是傻瓜和梦想家们的事情，但可以说，在综合
考虑到所有情况的前提下，我们今天可以生活得更好是因为哥伦
布梦想找到印度、巴斯德（Pasteur）梦想消灭细菌，是因为萨
尔茨堡的人们梦想一座大教堂、科尔多瓦的人们梦想一所大学，
是因为雅典的人们梦想民主、开国元勋们梦想联邦主义，是因为
莫扎特梦想着第四十一交响曲、梅尔维尔（Melville）梦想着一
头白鲸，米开朗基罗梦想着神的手指。

因此，与之相同，人们可以说生物区域主义是在梦想从未存
在的事物，（类似于生物区域主义的存在）至少不曾到达我在本
书中所论述的范围及复杂程度。古希腊人、前哥伦布时期的印第
安人，或是狩猎—采集社会中的人们可能生活在盖娅的规则之

下，但他们不曾有过和我们现在一样对生态的理解，或是和我们现在一样的世界观，或是拥有像我们现在一样了解地球的工具、测绘方式和技术。但到现在一定已经很明显了，生物区域主义所梦想的并非是虚幻的、难以理解、完全脱离现实的事物。它并不要求一个像《沃尔登第二》（*Walden IIs*）或是《埃瑞洪》（*Ere-whons*）中的世界，也不需要假设一类物种，长着像超人一样强健的大脑或是心脏。

是的，生物区域主义的理念在某种意义上，仅被大致地浏览一下，很可能会被没有梦想的人们简单归类为不值一提的"乌托邦"。但乌托邦只是一个对未来的设计、明天的由来、或是可能的未来在当前的表现；而生物区域主义则是一种要求我们尽快开始想象、设计和创造这一未来的方式。正如哲学家莱斯泽克·克拉科夫斯基（Leszek Kolakowski）睿智的阐述："很可能在某个特定的时刻，不可能将成为可能，仅通过在它还不可能的时候，对它的明确声明。"

正是因为关于生物区域的梦想不会破坏千古以来的真理——而且事实上还表现出人类和生物的真髓——因而可被看成支持生物区域主义作为有效的政治工程的最后一个要因。它虽然是一种我们现在看起来颇为遥远的现实，但却是一个非常合乎情理的未来，它的理念具有不容置疑的实用性、可行性以及可实现性的氛围。我将在下面展开详细的说明。

· · ·

首先，对一个地区的基本认识是一种共同的意识和说法：实际上，人们确实认为自己是居住于区域之中的，即使不一定是生物区域。凯文·林奇（Kevin Lynch），麻省理工学院的一位杰出的城市规划师，在《营造区域感觉》（*Managing the Sense of a*

165

Region）的研究后得出这样的结论，"我们的感觉是地方性的，而我们的经验是区域性的"，并援引了 23 个关于区域看法的研究来支撑这一论述。其中一个是一位社会学家，通过向遍布全国的报社、官僚及县级官员们邮寄明信片，发现这个国家的人们至少认为自己居住于 295 个区域，从明显的东西南北这样的方位，一直到萨克拉门托河谷、小迪克西、低地、芬格湖群和布恩斯里克。

我发觉将这样一种自然感觉延伸到一种生物认知，也并不是很困难：如果给他们一点时间想一下的话，人们对所居住的地方还是颇为了解的。如果你向询问他们所在的流域，以及是否在五一节种植了西红柿，过去是否经常在路边看到土狼、德国蟑螂或是鹿，你就可以很好地明白他们对区域的了解程度。李·斯文森（Lee Swenson），一位早期的生物区域主义者，几年前在全国开展了一系列关于生物区域的研讨会，指出也许会需要一两个小时，有时是一整个上午，但无论多么复杂，从来都可以让他的听众达成这样一个共识——他们所居住地区的轮廓，与生态定义下的生物区域在细节上保持着惊人的一致。在某种程度上，人们是愿意去了解他们所居住的空间的，虽然他们很少被教导这样做。

人们也知道他们的区域环境正受到侵害和威胁，通常是由他们无法明白和控制的力量。环境健康概念还是一种较新的公众意识，但今天——要感谢有毒废料渗入校园，化学物品泄漏导致城镇疏散，烟雾"警报"迫使人们待在室内，有毒物品的流入导致地下水不可饮用，酸雨致使山区池塘中的鱼死亡——就像在1984 年大选时民意调查所显示的，这些环境健康问题已成为美国人民最关切的话题。对待环境危机，迄今为止的通常反应是无可奈何，因为还没有公共或私人机构适宜对此做出什么果敢而认真的行动。但经验表明在这些问题上公众是可以被动员起来，并被赋予政治上的活力——例如爱河事件、哈德森河清水项目以及新泽西的有毒废物法。

这些基本认识使得生物区域工程具有了其他晦涩难懂的政治项目所没有的方法和手段。由于这项任务是要让人们了解自己的生物区域以及生物区域所受到的威胁，组织者可以安排高中理科类课程去考察当地河流、调查其中的生物群，当地的环保组织可以对该地区树木进行调查，社区大学的学生可以研究地方废物处理系统以及农业水污染，大学经济学专业的学生可以尝试做区域商品和服务的投入—产出分析。可能性是无穷无尽的——因为毕竟有一整套完善的进行地方研究和区域研究的科学体系——而如何进行生态研究和资源调查的各类信息也都很容易就可以获取。

所有这些努力的总和可以组合在一起，然后再配送到整个区域，或许以一种描述区域资源和配置的"资料包"（bundle）的形式——指出哪些是健康的，哪些是与自然环境关系紧张的地区。从美国印第安部落借鉴而来的"资料包"概念，已被生物区域运动者们应用了许多年，作为学习、了解所居住地区自然状况的一种方式，以及将知识传授于其他团体、或组织区域项目的一种方法。通常情况下一个"资料包"中将有一张生物区域的地图，对常见的花草树木、哺乳动物、鸟类、昆虫和鱼类的描述，历史上的一些事件，最早的居住者，一两幅画或诗，也许还会有一份当前致力于生态、共同体或生物区域项目的团体的列表。它可以是任何事物，这取决于该区域的自然状况以及发展深度。当然它也可以是渐进的，随着分析的持续深入以及关注的增长而逐

167

年递增。

· · ·

生物区域主义具有可实现性的第二个原因，是因为它的概念可以引起普遍的共鸣，它所倡导的社会变革可以对普通选民之外的人们起到号召作用。这些人并非不重要——据各种推算，大约有 500 万—1000 万的选民——但他们本身并不能构成足够广泛、彻底的，重塑这个国家所必需的运动。

生物区域理念具有可使美国传统上的左翼和右翼联合在一起的可能，因为它所倡导的以及其理念的基础建立于这两种倾向所共享的价值之上①。例如，他们的共同信仰有：地方控制、自力更生、镇民主会议、共同体的力量以及地方分权，这些都是美国传统价值观——至少是杰斐逊派价值的基本元素。并且他们都对远距离以及专断的权力控制表现出极大的不信任（或至少表现为一种普遍的呼声），无论这些权力和控制是来自于政府、公共事业还是企业。他们反对各种规则、条例、限制和保护性的律法以及对个人的过度课税。他们都对自然世界、对旷野以及自然界中的生物颇为关注，也通常对原生态的大自然有着直接的经验，无论是通过狩鹿，还是徒步旅行。而且在某种程度上他们都对个人主义的丰富潜力有着一种内在的欣赏——这和"人人生而平等"

168

---

① 这是来自于迈克尔·马里安（Michael Marien）的敏锐感知——政治不应该被看作存在于一个平面的地图之上（在平面地图上，左右两翼代表着两个极端，被人们认为永远都不会一致的时候），而是存在于一个圆形的地球上，在之上，独裁主义的左翼（例如斯大林主义）和独裁主义的右翼（例如纳粹主义）有着许多共同之处，在地球的上部彼此重叠。自由主义的左翼（例如美国的"自由主义"）和自由主义的右翼（例如无政府主义）则在地球的底部有着共同的基础（其他各种没有显著特点的自由主义则分布在赤道附近）。在这种看法中，我认为生物区域主义可以占据南半球的很大一部分，从南回归线往下的一大部分。

一样都是美国精神的根本体现——认为每个人都可以谋生，每个人都应该为社区/共同体作出贡献，同时每个人也都可以参与到喧嚣的生活之中。

所有这些想法都在某些方面具有内在的生物区域主义思想，因而使得生物区域主义的理念可以将许多不同类型的人们结合在一起：宾夕法尼亚州全国步枪协会的猎人和科罗拉多州的环保主义者，他们都了解自然界中的平衡关系；弗吉尼亚州社群中的妇人和爱荷华州农场的主妇，她们都理解自力更生以及和睦相处的重要性；在佛蒙特州反对核电厂的活动家和明尼苏达州抵制从其土地上穿越高压线的农民，他们都明了（公众并不能真正进行控制的）公共机构所具有的冷酷无情的力量。实际上，生物区域主义具有可以减弱、减轻所有这些（由共和党和民主党、自由派和保守派所造成的）政治分歧的潜力，直至这些分歧不再重要。

169

· · ·

生物区域工程具有可实施性的另一项重要原因是，它可以从地方开始，只需要有少数几个人愿意来学习一点，谈论一点，想象一点，组织起一点即可。因为生物区域主义的概念是区域性的，所以它的活动范围也限定在区域中，因此启动时并不需要有过度的消耗，而维持其运转也不需要太多的资源。

太多的当代政治方案都试图以国家政府为目标——竞选国会议员，或推出自己阵营的总统候选，或在全国性政党中设置决策委员会，或在华盛顿设立游说组织，或在全国范围组织选民。所有这些努力也并非总是无用的，但通常象征意义要远大于其实际价值，并且总是需要消耗大量的钱财和精力，而只能得到不确定或不能持久的回报。或者更糟糕，他们最终发现无法改变已根深蒂固的联邦官僚制度或是反应迟钝的联邦政府，从而使人们相信，任何形式的政治行动都是徒劳无用的。

在可预见的未来中，生物区域这一种尝试的不同之处在于，它对于联邦政府没有任何要求，也不需要任何国家立法、政府监管、或是总统豁免。在当今时代，生物区域主义的最大特点是它不需要任何联邦的存在来促进它，而只需要联邦政府的不经意及允许即可。在这一方面，它与梭罗（Thoreau）所描述的美国精神具有非常相似的地方：

> 政府从来都没有主动推进过任何事业，而总是灵巧地躲避开。**它**没有使国家保持自由。**它**没有开发西部。**它**也没有推广教育。美国人民所具有的天性完成了所有这些已完成的事情；而且还可能做得更多，如果没有政府时而的阻碍的话。

在最后，不像其他的各种政治运动，生物区域主义并不打算接管国家政府，或是对国家机器进行大幅度的重组——没有那么错综复杂，也没有准备连根拔起那样令人沮丧。不，生物区域主义的精神是地方性的，它所关注的是区域问题。至少在现阶段，与全国范围的问题没有任何关系。归根结底，生物区域主义的任务是要从底部生成力量，而不是从顶部夺取力量；是（从实际生活在那里的人们，对他们经常需要面对的问题中）释放出长期以来被隐藏、被系统性减弱的能量，而不是试图从那些（因远距离以及无知而导致）反映迟钝、效果不佳的机构中窃取能量，即便这样做是可能的。

打理好便士，英镑自会打理好自己。打理好社区/共同体，进一步发展区域，在地方激发、利用"美国人民所固有的天性"，这样联邦机构也就不再重要了。

• • •

生物区域工程的实际可操作性，也被现今实际存在的运动所佐证和增强——虽然还属于初期阶段，也还不能确定其未来发展的方向和路径，但这些运动却有着足够的生命力一直持续了十余年，现今已遍布这一大陆的每一个角落。

现今已有超过 60 个自觉为生物区域组织的团体，代表了广泛的人才、兴趣和各类活动①。其中一些，如奥扎克地区共同体代表大会（the Ozarks Area Community Congress），每年举行例会，通过一些对特定区域问题的纲领和决议；另一些，如在佛蒙特州的社会生态研究所（the Institute for Social Ecology），则通过举办会议和研讨会，致力于对人们的教育；一些，如圣安东尼奥生物区域研究小组（the San Antonio Bioregional Research Group）和锡斯基尤地区教育项目（the Siskiyou Regional Education Project），致力于生态现状调查以及对生物区域主义的公众宣传；一些，如在华盛顿州的树友（Friends of the Trees）和阿肯色州的国家水资源中心（the National Water Center），正如它们的名称所示，致力于一些专门的环境问题；一些，如在得克萨斯州的最大潜能建筑研究中心（Max's Pot）和科德角的新炼金术研究所（the New Alchemy Institute），则致力于生物区域技术的开发；而一些，如在威斯康星州的无定向生物区域网络

171

① 从杂志《行星鼓乐》（*Planet Drum*）可以得到一份详细的名单，地址为 Box 31251，San Francisco，CA 94131。

（the Driftless Bioregional Network）和在阿巴拉契亚山脉的卡图瓦生物区域委员会（the Katuah Bioregional Council）则致力于在关注生态问题的地方组织间建立起网络联系。

关于生物区域的文献资料也颇为令人惊叹。行星鼓乐出版机构已出版了半打的书籍和宣传册，以及关于落基山脉、西北地区、哈德逊河谷和其他地区的各种"资料包"。已有 14 个定期刊发的地区杂志，从波特兰的《雨》（*Rain*）（这一杂志社还出版了一部关于波特兰地区生物区域分析的书籍）、西雅图的《耕作》（*Tilth*）、旧金山的《提升赌注》（*Raise the Stakes*）这些刊发了十多年的刊物，到在堪萨斯州的《孔扎》（*Konza*）和马萨诸塞州的《地球管理年鉴》（the *Annals of Earth Stewardship*）这些开始发行第二年的杂志。还有大约几十部由生物区域主义运动的支持者们撰写，或多或少专门论述生物区域的书籍，其中有雷蒙德·达斯曼（Raymond Dasmann）、加里·斯奈德（Gary Snyder）、彼得·柏格（Peter Berg）、穆雷·布克钦（Murray Bookchin）、莫里斯·伯曼（Morris Berman）、杰里·曼德（Jerry Mander）、加里·科茨（Gary Coates）、加里·纳卜汉（Gary Nabhan）、吉姆·道奇（Jim Dodge）、约翰和南希·托德（John & Nancy Todd）、迈克尔·汉姆（Michael Helm）和唐纳德·沃斯特（Donald Worster）——这里，我并非指其他数以百计由舒马赫（Schumacher）、洛文斯（Lovins）、罗斯扎克（Roszak）、卡普拉（Capra）、贝瑞（Berry）、杜博斯（Dubos）、芒福德（Mumford）、科尔（Kohr）、伊里奇（Illich）和拉普（Lappé）所撰写的直接涉及生物区域的著作。所有的这些汇集成颇为庞大的文献资料，讲述生物区域主义的定义和理念、方法

172

和路径。很少有什么新兴运动能拥有如此丰富的资料。

在刚刚过去的两年，生物区域主义运动终于感觉时机已经成熟，从而促生出一个遍布整个大陆的组织——北美生物区域代表大会（the North American Bioregional Congress）①，而这一代表大会又拟定出了生物区域运动的初始纲领——并非是一种明确的文件，而更像是一组谈话记录——提出了生物区域主义者现在的所想所思。其序言可以很好地表现出它的氛围：

欢迎回到家园

越来越多的人们认识到，想获得我们健康生存所必需的清洁的空气、水和食物，我们必须要照顾好我们所生活的地方，成为它的管家。人们逐渐认识到不了解邻里以及周围的自然环境所带来的损失，并发觉照顾好自己以及了解邻里的最好办法，是保护我们所居住的地区，使它逐渐恢复原状。

生物区域主义认可、培育、支持和颂扬我们与当地的联系——包括土地，动物、植物，河流、湖泊、海洋，空气，家庭、朋友、邻里，社区/共同体，当地传统以及生产和贸易系统。

我们需要花费很多时间来了解当地的各种可能性。

我们还需要留意当地的环境、历史和共同体的愿望，从而将我们引向一个安全和可持续发展的未来。

173

---

① 即之后的龟岛生物区域集会（the Turtle Island Bioregional Gathering）。

它依赖于充分了解且被广泛使用的食物、能源以及废物处理方式。

它可以确保就业，在向共同体内部提供丰富多样的服务以及审慎地向其他地区提供盈余的基础上。

生物区域主义通过（对学校、医疗中心和政府）实施地方管控来满足人们的基本需求。

生物区域运动旨在重新创建一种具有广泛共享意义的地区认同感，一种建立在新的批判意识以及尊重自然生态群落整体性基础之上的地区认同感。

我们可以和邻里一起探讨共同协作的方式，从而：（1）了解我们地区特有的资源**是**什么；（2）规划如何最好地保护和利用这些自然和文化资源；（3）以我们的时间和精力作为交换，从而最好地满足我们的日常以及长远需求；（4）丰富我们的孩子对地区以及全球的了解和认识。

生物区域主义建立在从家园开始的有责任、有担当的行动。欢迎回到家园！

这些生物区域运动者给我留下了深刻的印象，并非只是因为他们的才智，而是因为他们理解到其各自关注的生物区域问题与其同行之间高度混合的联系。他们中的大多数对单一事物有着极大的热情，而且非常认真——例如，其中一位生物区域运动者直接用手来帮助加利福尼亚鲑鱼产卵；一位种植了约两万株树木；一位在清理污染的河流，还有一位在编撰中高秆草原中所有可食用的野生植物（不，我没有开玩笑，我认识这些人）——但他们

174

都非常了解这些热情不能是孤立的，生物区域主义的智慧在于它的整体性，在于理解生命之网中所有事物的联系。

·　·　·

作为一种真正的可实现的理念，生物区域运动在美国引起进一步的反响。它从属于全世界生态政治运动的一部分——这些政治运动虽在不同的地区有着不同的名称，但现在已有一个众所周知的代称：绿色。

无论是哪里的绿色政治，都是将生态关注引入到政治舞台——引入那些迫切需要且长久以来缺失，以致积累出巨大危险的地方。现在，绿色政治已出现于世界的几乎每一个工业国家①，在其中几个国家——最引人注目的是西德和比利时——发展成熟的绿党已获得了选举上的胜利。而西德的运动尤其吸引了全世界的目光，不仅仅是因为它激动人心的战术运用以及熟练的选举策略，也因为其深刻、大胆的分析。例如它的纲领这样写道：

> 我们的政策旨在与自然、与人们成为积极的伙伴。在自治、自给自足的经济及行政单元中，在人类一目了然可以观测的规模中，它是最成功的一种政策。我们所主张的经济系统，是一种以必需品——人类现在以及未来世代生活的必需物品为导向的系统，是一种对自然实施保护，对自然资源进行精心管理的系统。我们需要有一个民主的社会，一个对人与人之间以及与自然之间的

175

---

① 澳大利亚、奥地利、比利时、英国、加拿大、丹麦、芬兰、法国、爱尔兰、日本、瑞典、瑞士和西德。

关系有更高认识的社会。

在美国，绿色政治虽然仍处于初期阶段，但在加利福尼亚州、俄勒冈州、田纳西州、纽约、缅因州、新罕布什尔州和佛蒙特州已发展起地方性的绿色运动，在过去的几年里还多次尝试建立起一个全国范围的、绿色导向团体的网络系统。民权党（The Citizens Party）尝试营造出自己的绿色方针——它曾一度自称为德国绿党的美国代表，虽然它从未彻底支持过任何的绿色政策。还有至少半打的其他团体，从新社会运动（the Movement for a New Society），到中西部地区的一个小型绿党，甚至说也奇怪，雅皮士们都接纳了绿色的理念和术语。生物区域代表大会（The Bioregional Congress）发起了一个绿色决策委员会议，进而创建了在全国各地都设有前哨的绿色组织委员会（Green Organizing Committee），以及一个提炼信息和带动基层发展的绿色联络委员会（Committees of Correspondence）①。

美国的绿色政治想找到自己确切的表现形式还将需要一段时间。但如果要成功，就必须建立在地域的基础上。而且作为一种表现生物区域主义的政治，还需要从生物区域方面认识、了解自己。这将需要在系统的所有的领域都引入生物区域的信息，无论这意味着是在镇规划委员会面前，还是竞选县的水务局委员，还是为市议会筛选出生态导向的候选人提名，还是向地方的空气污染管理机构请愿，还是去游说州的渔猎局，还是要影响州立法机关的环境委员会，还是向联邦环境保护局（the Federal Environ-

---

① 之后成为美国绿党（The Greens/Green Party USA）。

mental Protection Agency）的职员施加压力，还是在将来建立一个全国性的政党，选举出一位致力于生物区域发展的总统。美国的政治总是复杂而千变万化，因为这个国家是如此的巨大而多样，但只要可以确保生物区域的理念，绿色政治就可以形成各种各样的同素异形体，至少可以在这片土地上将自己发展成为一种必要的选择。

· · ·

最后，还要提及生物区域理念的两个优越性。虽然不如以上列举的优势那样明确，但却具有相同的重要性。在我看来，这两方面甚至涉及生物区域概念的灵魂——用最简单的方式表现出，为什么生物区域主义梦想着从未发生的事情，但却不是不切实际的水汽和轻烟。

首先，生物区域理念具有渐进主义的优点。它主张变化的过程首先要经过组织、教育，从而激活一个选区，而后重新构想、重塑和再造一个大陆——这一过程是缓慢、稳定、连续且有条理的，而不是革命和剧变的。就像盖娅自己一样，其目标实现的特点在于过程。走向生物区域未来的运动必须是一个稳定的过程，否则即会对自己的价值造成不可弥补的损伤，并在这样做的过程中走向失败。

无法想象生物区域主义可以由革命促成，无论是谁的革命。因为革命几乎从来不会产生相反的事物，而是延续了其所取代的一切（真的不知道怎样，革命才能做到别的）。而很显然，生物区域文明必须与我们现今的工业科学文明有着极大的不同。革命的问题，正如罗伯特·弗罗斯特（Robert Frost）曾经指出的，从定义上讲，是走了一个整圈又带领我们回到了最初的地方。而生物区域主义从理论上将是半场革命，一个180度的转变，而这

177

种变化是如此地彻底，因而不可能由一小部分成员或是由外部来决定和影响。

生物区域工程将是一个渐进的过程。只有通过长期和定期地倡导、教育、研究、修改、坚定的信念以及实验，人们才能逐渐融于这样一个社会。人们必须明白，许多关于未来的选择都是没有意义或是非常危险的，必须认识到生物区域（或与其类似的理念）才是除了蟑螂之外的物种得以存续发展的唯一理智选择。然后他们必须了解哪些旧的方式必须被丢弃，哪些新的认知需要进一步的磨练，并学习如何充分发挥（在之前被削弱和限制的）合作和共同参与的个性——那些具有共生、责任感和多维度的自我特性。我认为这将是一个需要一些时间、一些耐心的过程。

但这并不等于说不必有紧迫感。转型的必要性是显而易见的，并日益显著。我们不知道，也不可能知道，在世界末日到来之前还有多少时间。也许很快就会到来，就像二氧化碳末日论的人们所预测得那样。这种不确定性意味着，我们应该立即开始争取（生物区域的）拥护者的任务——以尽可能快的速度和担当开始这个渐进的过程，因为我们知道它必须是一个渐进的过程。

此外，生物区域工程还具有现实主义的优点。它不需要对我们所知的世界实施任何复杂的物理或人力上的艰难转变，或是要求原本的自然和人们发生任何神奇的变化。

一方面，它并不像许多对未来的科学设想那样，建议用粗暴的技术来干涉这个世界，例如，它并不要求冰山从极地海域漂流到赤道的沙漠以提供饮用水；或是提议将大平原北部作为巨大的核动力设施的安置地，用围墙和武器装备把它们保护起来，在石油枯竭的时候提供电力；或是创造出巨大的漂浮在太空的居住

178

170

地，以提供可完全控制和人为管理的环境，在当地球变得不适宜居住的时候。

另一方面，它也并不假设，会有一些新形式的超人，可以避免所有以往人类特有的小的缺陷和错误。例如，生物区域世界并不要求那些意识形态所想象的、而后承诺会实现的"社会主义新人"——一种不再对物质品、利润或奖励感兴趣的人，不再考虑自身利益的人。而且它也不依赖于皈依——就像有些人所说的"转化"，这些拥护者们假设如果我们可以教会孩子们正确的事情，或是如果我们全都可以理解哲人的教诲，或是如果我们都受到适当的弗洛伊德式的治疗，人类的错误就会消除，新的世界即会到来。

与此相反，生物区域的构想要更加地脚踏实地——这一描述非常地适宜于盖娅。不需要新的技术，也不需要任何特殊的制造工艺或超出我们现在已知的方法。在技术层面，其目标也许更多的是重新发现和重新学习，而不是在机器人和电路上找到新的突破。当然，也不再需要巨大的（即意味着极其复杂和造价昂贵的）工程，因为一般随着范围的缩小，问题的规模也会随之变小，找到向 100 万或 200 万或 1000 万人口提供可再生能源的方法，要远比服务于 2.5 亿人容易得多。

按照人们的原有方式来对待他们，并支持他们在各自的栖息地上按照自己不同的方式来生活——这是生物区域理念中多样性的基础。因此，没有必要或是愿望要将他们重塑为任何奇怪的、想象出的样子。正如我在前面提到的，生物区域主义确实需要一定态度上的改变和观念上的反思，以及一个大致关于盖娅所授真理的基本共识。但在这一过程中并不需要痛苦的剧变，真的，这

179

里没有任何不曾被人们所想过或感受过的事情，没有什么要超越我们祖先的智慧或是前人的经验。认识自己居住的地区，了解它的生态规则，领会盖娅的一些基本原则，这将是一个简单而自然的过程。我们相信，对于任何愿意接受的人们，都应该是可行的。一旦这一点被理解之后，就可以加入其他各种各样的知识和学问，甚至可以是错误的教育和理解。可以加入任何信条、宗教或是意识形态，充分允许一个多样化的星球所必需的多样化思想。

· · ·

然后，生物区域工程当然会最大程度地梦想从未发生的事情。但如果可以正确地理解它的整体含义，就会发现这里面没有任何幻想、荒诞、不切实际或是虚幻的感觉。我并不是说它是必然的，或是命中注定的，或是只要开始，就不会再有挫折或失败；我只是说，它毫无疑问是可能的。它是如此深远地根植于过去，也在现在生活中占据着如此重要的部分，又与可实现的未来如此一致，因此，并不需要是一个梦想家才能领会到它的价值和潜力。

为什么不呢？——很显然，一遍一遍询问人类这一最基本的问题并没有什么不好，就如《圣经》箴言中写道："没有愿景的人自会灭亡。"

第四部分
生物区域的势在必行

知和日常，知常曰明。

——老子《道德经》（Lao Tzu，*Tao Te Ching*）

这颗小小的蓝绿色星球是数百万（或数千万亿）英里中唯一拥有舒适的温度、适宜的空气和水、丰富的动物和植物的居所：是茫茫宇宙中的一眼泉水，一块可以筑巢、可以唱歌和生活、一个充满梦想的地方……我们都出生在这里，这里是我们唯一的圣地。

——加里·斯奈德《美好神圣的旷野》
（Gary Snyder，*Wild*，*Sacred*，*Good Land*）

12. 对盖娅的证实

20 世纪 60 年代后期，英国科学家詹姆斯·拉夫洛克（James Lovelock），一位从属于独立机构的化学家和几个同事一起对地球大气进行研究，从中逐渐发展出一个关于地球上各种系统的理论——构成我们已知世界的生物圈、水圈、大气圈，所表现出的整体性以及相互联系的方式，从某种意义上几乎可以说是构成了一个有生命的有机体，科学意义上活着的有机体。

他后来在《新科学家》（*New Scientist*）上这样将它介绍于科学界：

> 看起来，地球的生物圈至少可以控制地表的温度以及大气的成分。且乍看起来，大气圈像是一种通过（生命系统整体的）共同合作，实施一些必要的控制功能的装置。这于是引向这样一个命题——生物、空气、海洋、陆地表面，共同构成了一个巨大的系统，而这一系统可以控制温度、大气和海水的构成、土壤的 pH 值等，从而形成对生物圈生存最适宜的环境。看上去这个系统表现出一种单个的有机体行为，甚至可以说像是一个活着的生灵。

这是一个在现代科学中史无前例的惊人想法，但它逐渐积累起越来越多的证据，洛夫洛克认为足以将其表述为一个正式的假说，于是想找一个合适的名称。非常幸运，诺贝尔文学奖获得者威廉·戈尔丁（William Golding）也在同一个村庄工作，当被询问到有什么建议时，洛夫洛克转述道：“他毫不犹豫地建议为Gaia（盖娅）——古希腊人赋予其大地女神的名称。”

这也是洛夫洛克坚持用错误拼写所命名的“盖娅假说”的由来（the Gaian Hypothesis，也正是从这里开始了关于盖娅的混乱发音）。这是一种对古老文化的现代认同，一种对几千年前的古老文化所演化出的认识、对古希腊人所命名并根植于西方世界的感知的，一种复杂且条理清晰的现代认同。

$$\cdots$$

在随后的几年里，洛夫洛克在他简短的著作《盖娅：地球生命新观》（*GAIA：A New Look at Life on Earth*）中阐述了他的假说。该书出版于 1979 年，把许多科学家都争取到它非传统的旗帜之下。虽然这一假说仍处于发展阶段，仍然没有被完全证实，但从目前所积累的证据可以看出，它主要建立于三个坚实的基础之上。

1. 温度。洛夫洛克指出如果地球真的是没有生命的，那它就不可能像我们所知道的这样，从生命开始到现在，在过去的大约 35 亿年中一直定期且有效地调节着它的表面温度。

很显然，地球是从太阳那里得到热量的。但在过去的 35 亿年中，其所得到的热量至少增加了 30%（也有 70% 一说），因为太阳和任何生长中的恒星一样，所散发出的辐射会不断增强。但如果假设地球在数十亿年前比现在冷 30% 的话，那它则会是一个死气沉沉的冰冻的星球，完全不能维持生命——即使 2% 的辐

185

射下降都会引发一个冰川期，30％的减少则意味着整个地球的冰结——因此地球上必定存在着某种调整的过程。同样，如果没有任何干预机制，在这数十亿年中，由太阳增加的辐射输出会导致地球表面的温度不断升高，直至海洋沸腾，生命无法存活。但实际上自从生命开始，在这漫长的时间中，即使太阳的辐射输出不断变化，地球的平均温度一直保持在 10—20 摄氏度之间这样一个惊人的恒定水平。

洛夫洛克并没有试图解释在当前世界如何实现这一惊人调节的生物过程，但他提出，在生命的最初阶段，生物圈中氨的产出有助于热量的调节。卡尔·萨根（Carl Sagan）等人认为，在那时氨比现今要丰富得多，在太阳辐射也比现今微弱很多的时候，丰富的氨有助于形成一个隔热层，这层保护使得生命可以蓬勃发展。如果在漫长的时间中，生物圈非常笨拙或是不能准确执行这一任务的话，如果在实际中它不是非常精准的话，生命就不会存在了：如果大气圈中氨的存量少一点的话，地表热量将会散失，温度将会下降，大地会被冰雪覆盖，太阳的光线会被更多地反射掉，最终地球会像火星一样，成为一个冰封、空旷、没有生命的星球；另一方面，如果大气圈中存在更多的氨，甚至只多一点，地球则会捕捉到更多的太阳热能，气温将会上升，水蒸气和其他气体（如二氧化碳）将会积累起温室效应，100 摄氏度的高温将会破坏生物圈，最终地球会像金星一样，成为一个炎热、潮湿、不存在生命的星球。

地球这种似乎有目的的，在数十亿年中一直通过持续的温度调节，避免走向它两个近邻的方式，似乎表明一种类似于蜂巢或人体温度调节的复杂机制。似乎表明，在实际中，生命会为自身

186

创造出最适宜的条件。

2. 大气圈。地球大气的组成在过去的 35 亿年中基本保持不变，且以一种生命维系所必需的精准比例。这种气体间的完美平衡是如此惊人，以至于看起来似乎极不可能发生，如果在地表不存在某种形式的复杂和定期的监测，且不能随时进行调节的话。

例如，大气中的甲烷和氧气的精确比例在地球生命的大多数时间中都基本保持不变，这种精确的关系保证了适宜生命存续的氧气含量。这种特殊组合，只有每年向大气添加至少十亿吨甲烷以及至少是其两倍的氧气才能实现，而且除了地球上的生物活动之外没有其他来源可以产生这些气体。因此需要一种复杂而准确的机制存在，以确保如此大规模的生产。这显然意味着某种有目的的（人们甚至可以说是有意识的）操作和控制。

就氧气本身而言，它是生物圈中最重要的产品。它会与其他气体，如氮气、甲烷和氢气（这之中的每一种气体都不能与其他气体保持稳定）频繁发生反应，所以它是高度不稳定且易发生改变的一种气体。而它的浓度一直保持恒定，且恒定在一个特殊、精确的数值上：如果大气中含有更多的氧气，甚至只多 3%—4%，那么它将是火灾最适宜的孕育者——在第一道闪电中，地球就将被火焰包围；而如果大气中的氧气有任何减少，动植物的生命将会无法存活。

对于大气，洛夫洛克认为只有一种合理的解释——一种包含十几种基本元素的复杂平衡，在 35 亿年中维持着生命持续所必需的比例，尽管会有各种气体不断消失或是重组，而且太阳辐射的强度也增加了 1/3——对这一切，唯一合理的解释就是，大气圈执行着一种精确的功能，且（被控制地）持续执行着这一功能。

这种大气的组合方式是非常罕见的（没有其他词汇可以形容它）。虽然我们可能计算出理论上稳态的世界——所有地球上的上百种化学元素，通过已知的化学反应比率所达到的一种热力学平衡——看上去是什么样子，但地球却一点都不像是那样。洛夫洛克指出，甲烷、氧化亚氮（nitrous oxide），甚至我们大气中氮的数量都远远不符这个理论的组合，"在数量规模上数十倍地违反了化学规则"。洛夫洛克的结论是：

> 这种大规模的失衡表明，大气不仅仅是一种生物产品，而更可能是一种生物结构：并非具有生命，却更像是猫的皮毛、鸟的羽毛、或是蜂巢的室壁，一种生命系统的外部延伸，用以维持其选择的环境。

3. 水圈。地球上海洋的含盐量约为 3.4％，这并没有什么特别奇异的地方，但它奇异的是可以在几十亿年中，一直维持在这一水平。

因为海水中的盐来自于陆地和海底所产生的盐，所以每 2.4 亿年，海洋中盐的浓度会大约增长 10％。或是说在过去的 35 亿年中，大约增加了 300％。如果这样的话，海洋在很久以前就会变成异常咸涩的盐池，远不能维持任何海洋生物，甚至不能维系任何陆地上的生命。但很显然，并没有发生这样的事情，而且在实际的漫长岁月中，海水中盐的浓度似乎从来没有发生过大的变化。

这非凡的、对于人类生命如此重要的平衡是这样的井然有

188

序，以至于很难相信这是一种偶然。一定会有一些定期的过程，有目的且巧妙地去除和隐藏起一些盐分，从而允许生命可以持续生存。洛夫洛克并没有假装知道这到底是怎样一个过程，但他指出两个被公认的现象：第一，小的海洋生物组成巨大的珊瑚和叠层石礁，其目的也许是要建造巨大的浅水湖泊，就像可以使盐最快蒸发的那些海边的浅水池塘；第二，被称为硅藻的微小海洋生物会吸收表层的硅酸盐，当它们死亡时，会沉入海底，将硅酸盐运送到海洋底部，从而最终掩埋起来。这些现象中的一个或两个可能就是控制盐度的生物装置——整体控制系统的一部分。而这个控制系统的运行是如此有效，以至于不可避免地被认为其具有明确的目的。

• • •

到目前为止，这些关于盖娅的假设只是形成了一个假说。考虑到科研机构会不可避免地抵制这样一种新奇的想法，因此可能还需要一段时间，才能让它们得到充分检测，从而被证实或否定。虽然到目前为止，至少已有两个可以证明这一假说有效性的实例，为其增添了相当大的可信性。

第一个是在大气中寻找某种"载体化合物"——洛夫洛克猜想一定会存在的一种方式，将对生命具有重要意义的元素如碘和硫，从含量丰富的海洋，传送到稀缺和被急需的陆地上。这些化合物以前从未被发现，也没有人知道它们的存在，但洛夫洛克依据他的假说开始寻找它们。最终，他发现了这些化合物：两种由海洋生命直接生产的化合物——甲基碘（methyl iodide）和二甲基硫醚（dimethyl sulfide），在大气中被发现。

第二个实例是洛夫洛克创建出的一个叫做"雏菊世界"（Daisy World）的数学模型。他想借此证明生物可以、也会响应

（进而调节）最适宜它们生活的温度。他的模型用浅色和深色雏菊来观测它们对阳光的反应。这个模型虽然很复杂，但它证实在温度较低时深色雏菊的传播速度较快，而温度较高时浅色雏菊的传播速度较快，且两者都朝着维持稳定的表面温度——最理想的20 摄氏度而努力。显然，通过生物圈中的普通流程而实现对热量的控制是完全可能的。"雏菊世界所传递的独到洞察"，《生态学家》（*The Ecologist*）的两位科学调查员这样指出，"是它展现出，只需引入一些众所周知的生物学原理，全球的稳态发展在原则上将是可能的"。

甚至在所有的验证工作完成之前，其他从属于独立机构的科学家就相继得出相似的结论。林恩·马古利斯（Lynn Margulis），波士顿大学的一位研究人员，从她自己对洛夫洛克实验的检测中得出这样的结论：

> 极不可能只是偶然性，导致温度、pH 值以及营养元素的浓度在漫长的岁月中，都可以维持在最适宜生命存续的状态……看起来更像是生物积极地消耗着能量以维持着这些条件。

190

两位日本学者，基于他们对地球水文系统的考察，在 1983 年这样指出道：

> 我们可以说地球也是"活着"的。生态循环（或是一个更大众化的术语——生物圈）是"活着的地球"的一个子系统。

而刘易斯·托马斯博士（Dr. Lewis Thomas）——没有迹象表明他知晓洛夫洛克的工作——却用自己的方式得到类似的结论：

> 除了我们，地球本身的行为就像是生命联系在一起形成的一个巨大的、有条理的机体，一个复杂的系统，甚至在我看来，一个有机体。或是像一个孕育中的胚胎，就像我们每个人，作为一个成功的细胞，被赋予生命的时刻。

我认为并不算为时太早，让我们认识到至少有这样一种颇具可能的状况——生物圈为确保其生存条件，努力以各种方式改造它的环境。在漫长的岁月中，空气、海洋、温度，地球上所有的系统都以这样的方式运作，从而维持对于生命最佳的生存条件。除此之外，再也没有其他可信的解释。

对于人们是否愿意说地球事实上是"有生命的"，这或许取决于人们对生命的定义，而这是一个非常棘手的问题①。但似乎毫无疑问，如果没有某种目的性——一种有组织的、自我调节过程中的产品——生命存在不应该算作生效，就像我们在微生物菌落、或是蚁山、或是人类中看到的一样。当然，也并不需要意味

191

———

① 按照生命科学的标准定义——由埃尔温·薛定谔（Erwin Schrödinger）在其著名的《生命是什么？》（*What is Life?*）中所提出的——是吸引"对自身的负熵流，以抵消其生活中所产生的熵的增加，从而使自身维持在一个稳定且相当低的熵水平"。根据这样的认识，地球不断地吸收和利用"负熵"——从太阳而来的热辐射、从月球而来的引力，以及来自外太空的宇宙辐射，在过去的 35 亿年中，大致维持着稳定的熵水平。因此，可以说是具有生命的。

着明显的意识或是非常突出的意图——没有形而上学或目的论的
必要——在相互交叉而具有整体性的地球系统中，谈及生命，或
是非常类似的事物。

• • •

因此归根结底，希腊人似乎是正确的。地球、生物圈，都是
具有生命的，是"一个生灵，一个可见的，包含所有生命的生
灵"——对此，应该没有什么真正的疑问。

最终，这对于人类意味着什么呢？对于我们这些现在、或许
将来也与其共享生命的人们，我们能做些什么，又应该做些什么
呢？让我再一次引用刘易斯·托马斯的表述（不只是因为他是一
位声望显赫的生物学家，而是因为他不代表任何特殊的意识形态
或是政治立场）。他这样说道：

> 我们最愚蠢的是认为我们掌管着这个地方，认为我
> 们拥有它，并可以以某种方式来运行它。我们开始把地
> 球当成一种家养的宠物——生活在我们发明的环境中，
> 一部分为菜园、一部分为公园、一部分为动物园。我们
> 必须尽快摒除这种思想，因为它是错误的，应该是一种
> 截然相反的方式。我们并不是单独的个体。我们是地球
> 生命中的一部分，被地球拥有，由地球来运行，或许是
> 为了它的某种、我们完全没有意识到的特殊功能。

192

这即是生物区域主义构想所要传达的简明的信息和智慧。

我们有必要（在人类迄今为止的漫长历史中，还没有什么是
这样必要）在为时未晚之前，理解这种智慧，放弃那些怪异的、

从许多方面威胁到生命基本形式的疯狂做法——毋须多言，我们知道这种威胁亦威害到生命本身。我们必须学会女神盖娅是与我们的生命紧密相连的一部分——不，我想说的是，在某种意义上可以说是我们生命的全部。因此在我们的航行中没有一刻，在我们的决定没有一点，我们不意识到她的规则、她的需要、她的珍宝和蕴藏。

这一切不会轻易到来，我承认。不过这是可以做到的，而且也必须做到。即使如生物学家约翰·托德（John Todd）所指出的那样，这会发生一个如一万年前的农业起源一般彻底而深刻的变化。

因为我们还有什么其他的选择么？真的还有么？

参考文献和注释

I. THE BIOREGIONAL HERITAGE

1. Gaea

Berman, Morris, *The Reenchantment of the World*, Cornell, 1981.

Frazer, James, *The Golden Bough*, abbreviated, Macmillan, 1951.

Graves, Robert, *The White Goddess*, Knopf, 1948.

Hughes, J. Donald, *The Ecologist* (Camelford, Cornwall, England), No. 2–3, 1983.

James, Edwin O., *The Ancient Gods*, Putnam's, 1960.

Spretnak, Charlene, ed., *The Politics of Women's Spirituality*, Anchor, 1982.

Stone, Merlin, *When God Was a Woman*, HBJ/Harvest, 1976.

P. 3, 4: Plato, Xenophon, in Hughes.

P. 4: "Hymn to Earth," from Thelma Sargent, *The Homeric Hymn*, Norton, 1973, my rendition.

P. 7: Forbes, *California Historical Quarterly*, September 1971.

P. 8–9: Lucius Apuleius, in Stone, p. 22, Robert Graves's rendition.

P. 10: Berman, p. 16.

P. 11: Thomas, *The Lives of a Cell*, Bantam, 1974, p. 170.

2. Gaea Abandoned

Myceneans

Hughes, J. Donald, *Ecology in Ancient Civilizations*, University of New Mexico, 1975.

Massey, Marshall, *Co-Evolution Quarterly*, Winter 1983.

Scully, Vincent, *The Earth, the Temple and the Gods*, Yale, 1979.

Trevor-Roper, H. R., *Men and Events*, Octagon (New York), 1957.

Science/Nature

Basalla, George, ed., *The Rise of Modern Science*, D.C. Heath, 1968.

Berman, op. cit.

Bookchin, Murray, *The Ecology of Freedom*, Cheshire (Palo Alto), 1982.

Ehrenfeld, David, *The Arrogance of Humanism*, Oxford, 1978.

Leiss, William, *The Domination of Nature*, Braziller, 1972.

Merchant, Carolyn, *The Death of Nature*, Harper & Row, 1980.

Mumford, Lewis, *The Myth of the Machine*, 2 vols., Harcourt, 1967, 1970.

Thomas, Keith, *Man and the Natural World: Changing Attitudes in England, 1500–1800*, Allen Lane (London), 1983, Pantheon, 1983.

Worster, Donald, *The Ecologist*, No. 5, 1983.

Science/Capitalism

Braudel, Fernand, *Civilization and Capitalism: 15th–18th Century*, Vols. 1–3, Harper & Row, 1982–84; *The Mediterranean and the Mediterranean World in the Age of Philip II*, Harper & Row, 1972.

Marsak, Leonard M., ed., *The Rise of Science in Relation to Society*, Macmillan, 1964.

Tawney, R. H., *Religion and the Rise of Capitalism*, Harcourt, 1926.

Wallerstein, Immanuel, *The Modern World-System*, Academic, 1975.

Whitehead, Alfred North, *Science and the Modern World*, Macmillan, 1925.

P. 12: Trevor-Roper, p. 8.

P. 13: Scully, p. 41.

P. 16: Hooke, Newton, in Berman, pp. 47, 115.

3. The Crisis

Barnet, Richard, *The Lean Years*, Simon and Schuster, 1982.

Catton, William, *Overshoot*, Illinois, 1980.

Coates, Gary, ed., *Resettling America*, Brickhouse (Amherst), 1981.

Davis, W. Jackson, *The Seventh Year*, Norton, 1979.

Ehrenfeld, op. cit., and *Conserving Life on Earth*, Oxford, 1972.

Goldsmith, Edward, et al. (*The Ecologist*), *A Blueprint for Survival*, Penguin, 1972.

Gray, Elizabeth Dotson, *Green Paradise Lost*, Roundtable (Wellesley, MA), 1981.

Hamaker, John, *The Survival of Civilization*, Hamaker-Weaver (Potterville, MI), 1982.

MIT Study of Critical Environmental Problems, Caroll Wilson, ed., *Man's Impact on the Global Environment*, MIT Press, 1971.

Roszak, Theodore, *Where the Wasteland Ends*, Anchor, 1973.

Weisberg, Barry, *Beyond Repair*, Beacon, 1971.

Worldwatch Institute (Lester Brown et al.), *State of the World*, Norton, 1984.

P. 27: Barnet, p. 37.

P. 28: Ehrenfeld, *Conserving*, p. 329.

P. 31: MIT, in Goldsmith, *Blueprint*, op. cit., p. 93.
    Ehrenfeld, *Conserving*, p. 353.

P. 31–32: Coates, p. 21.

P. 32–33: Catton, pp. 170–73; p. 232; 213.

P. 34–36: Hamaker, John, *Solar Age or Ice Age? Bulletins*, Nos. 1–5 (Burlingame, CA 94010), "Comments," October 1983, November 1983.

II. THE BIOREGIONAL PARADIGM

4. Dwellers in the Land

Berg, Peter, ed., *Reinhabiting a Separate Country*, Planet Drum (San Francisco), 1978.

Raise the Stakes, Planet Drum, Fall 1979–.

Schumacher, E. F., *Small Is Beautiful*, Harper Torchbooks, 1973.

Snyder, Gary, in *The Schumacher Lectures*, Vol. II, Blond & Briggs (London), 1984; and interview, *Mother Earth News*, September-October, 1984.

P. 41: AE, *The Interpreters*, Macmillan, 1922, p. 60.

P. 42: Berry, speech to the North American Bioregional Congress, May, 1984.

P. 46: Schumacher, *Good Works*, Harper, 1979, p. 140.

P. 47: Weil, *The Need for Roots*, Putnam's, 1952, p. 52.

P. 49n.: Thomas, *Lives of a Cell*, op. cit., p. 89.

5. Scale

Kohr, Leopold, *The Breakdown of Nations*, Dutton, 1978; *The City of Man*, Puerto Rico, 1976; *Development Without Aid*, Christopher Davies (Wales), 1973; *The Overdeveloped Nations: The Diseconomies of Scale*, Schocken, 1977.

Mumford, Lewis, *The City in History*, Harcourt, 1961; *The Condition of Man*, Harcourt, 1944; *The Culture of Cities*, Harcourt, 1938.

Sale, Kirkpatrick, *Human Scale*, Coward-McCann, 1980; Perigee (Putnam's), 1982.

Schumacher, *Small Is Beautiful*, op. cit.

van Dresser, Peter, *Development on a Human Scale*, Praeger, 1972.

Bioregional mapping

Baker, O. E., *Atlas of American Agriculture*, U.S. Department of Agriculture, U.S. Government Printing Office, 1918–36.

Beale, Calvin, in *Alternatives to Confrontation*, Victor Arnold, ed., D.C. Heath, 1980.

Birdsale, Stephen S., and John W. Florin, *Regional Landscapes of the United States and Canada*, Wiley, 1978.

Browne, Jason, *The Secular Ark: Studies in the History of Biogeography*, Yale, 1983.

Hart, F., *Regions of the United States*, Harper, 1972.

Hunt, Charles B., *Natural Regions of the United States and Canada*, W. H. Freeman, 1974.

Indian Land Claims and Treaty Areas of North America, map, C.I.M.R.A., 1981, from Northern Sun Alliance, 1519 E. Franklin, Minneapolis, MN 55404.

Kroeber, A. L., *Cultural and Natural Areas of Native North America*, California, 1939.

National Resources Committee, *Regional Factors in National Planning and Development*, U.S. Government, 1935.

Symons, L., *Agricultural Geography*, Praeger, 1967.

U.S. Geological Survey, *National Atlas of the U.S.A.*, U.S. Government Printing Office, 1972.

Vishes, Stephen Sargent, *Climatic Atlas of the United States*, Harvard, 1954.

> P. 62: Forest statistics, Lee R. Dice, *Natural Communities*, Michigan, 1952, p. 7.

> P. 65: City of 1 million, A. Wolman, *Scientific American*, September 1965.

> P. 66: *Blueprint*, Goldsmith, op. cit., p. 53.

6. Economy

Steady-state

Bookchin, *Toward an Ecological Society*, Black Rose (Montreal), 1980.

Boulding, Kenneth, *The Meaning of the Twentieth Century*, Harper & Row, 1964.

Daly, Herman E., *Steady-State Economics*, W. H. Freeman, 1977; ed., *Economics, Ecology, Ethics: Essays Toward a Steady-State Economy*, W. H. Freeman, 1973, 1980.

Georgescu-Roegen, Nicholas, *The Entropy Law and the Economic Process*, Harvard, 1971.

Henderson, Hazel, *The Politics of the Solar Age*, Anchor, 1981.

Johnson, Warren, *Muddling Toward Frugality*, Sierra Club Books, 1978.

Joint Economic Committee, U.S. Congress, *The Steady State Economy*, Vol. 5 of *U.S. Prospects for Growth*, U.S. Government Printing Office, 1976.

Meadows, Dennis, ed., *Alternatives to Growth*, Ballinger (Cambridge), 1977.

Mishan, E. J., *The Costs of Economic Growth*, Praeger, 1969.

Ophuls, William, *Ecology and the Politics of Scarcity*, W. H. Freeman, 1978.

Sale, *Human Scale*, op. cit., pp. 329–342.

Valaskakis, Kimon, et al., *The Conserver Society*, Harper & Row, 1979; Vols. 1–4, Conserver Society Project (GAMMA, 3535 Queen Mary Rd., Montreal).

Cooperative economy

Clastres, Pierre, *Society Against the State*, Urizen (New York), 1977.

Dalton, George, *Tribal and Peasant Economies*, Natural History, 1967.

Harris, Marvin, *Cannibals and Kings*, Random House, 1977.

Love, J. R. B., *Stone Age Bushmen of Today*, Blackie & Sons (London), 1936.

Pfeiffer, John, *The Emergence of Man*, Harper & Row, 1972.

Polanyi, Karl, *The Great Transformation*, Beacon, 1957; *Primitive, Archaic and Modern Economics*, Beacon, 1971; *The Ecologist*, No. 1, 1974.

Sahlins, Marshall, *Stone Age Economics*, Aldine (Chicago), 1972.

Community Land Trusts

Coates, Gary, *Resettling America*, op. cit.

Community Land Association, *Handbook*, White Oak Community Center (Duff, TN 37729), 1982.

Institute for Community Economics, *The Community Land Trust Handbook*, Rodale, 1982.

Matthei, Chuck, in *Catholic Rural Life*, No. 7, 1981; *Sojourners Magazine*, November 1979; *Community Economics*, Institute for Community Economics, 1982.

Swann, Robert, *The Community Land Trust: A Guide to a New Model for Land Tenure in America*, Center for Community Economic Development, 1972.

Whyte, William F., ed., *Economic Democracy and Locally Based Development Strategies*, U.S. Department of Labor, 1982.

Local economies

Dahlberg, Arthur, *How to Save Free Enterprise*, Devin-Adair (Old Greenwich, CN), 1974; *Money in Motion*, John De Graff, 1962.

Gesell, Silvis, *The Natural Economic Order*, Free Economy Association (Huntington Park, CA), 1920.

Greco, Tom, *Just Economics*, Peace and Justice Education Center (Rochester, NY), 1984.

Gregg, Richard B., *The Big Idol*, Navajivan Publishing (Ahmedabad, India), 1963 (available from Community Service, Box 243, Yellow Springs, OH 45387).

Hayak, F. A., *Denationalisation of Money*, Institute of Economic Affairs (London), 1976.

Jacobs, Jane, *Cities and the Wealth of Nations*, Random House, 1984.

Loomis, Mildred, *Alternative Americas*, Universe (New York), 1982.

Morgan, Griscom, "The Community's Need for an Economy," Community Service, 1969.

Swann, Robert, "Bootstrap Community Revitalization" and "An Independent Currency for the Berkshires," E. F. Schumacher Society (Box 76, RD 3, Great Barrington, MA 01230), n.d.

Turnbull, Shann, *Self-Financing Techniques for Enterprise Development Projects; What Everyone Should Know About Banking and Money—Especially Bankers and Economists*, E. F. Schumacher Society, n.d.; and *Democratising the Wealth of Nations*, self-published.

Whitehead, Geoffrey, *The Story of Money*, Usborne (London), 1975.

P. 67–68: Goldsmith, *The Ecologist*, No. 4, 1984; see also *The Ecologist*, No. 4, 1977.

P. 70: Daly, *Economics*, op. cit., p. 6.

P. 76: Substitutability, Alvin Weinberg and H. E. Geoller, *Science*, February 4, 1976.

P. 80: Pliny Fisk, *Bioregions and Biotechnologies*, 1983, Center for Maximum Potential Building Systems (8604 FM 969, Austin TX 78724).

P. 81: Goldsmith, op. cit. (1977).

Margulis, *Symbiosis in Cell Evolution*, W. H. Freeman, 1981; and see Bookchin, *Ecology of Freedom*, op. cit.

P. 82–83: Schumacher, *Small Is Beautiful*, op. cit., pp. 41–42.

P. 86–88: John Friedmann and Clyde Weaver, *Territory and Function: The Evolution of Regional Planning*, California, 1979, pp. 200–201.

P. 88: Borgese, in Coates, op. cit., p. 78.

7. Polity

Barclay, Harold, *People Without Government*, Kahn & Averill/Cienfuegos (London), 1982.

Bookchin, *The Ecology of Freedom*, op. cit.; *Toward an Ecological Society*, op. cit.

Clastres, *Society Against the State*, op. cit.

Darling, Fraser, and John P. Milton, eds., *Future Environments of North America*, Natural History Press, 1966.

Gutkind, E. A., *Community and Environment*, Philosophical Library (New York), 1954.

Isaacs, Harold R., *Idols of the Tribe*, Harper & Row, 1975.

Jolly, Allison, *The Evolution of Primate Behavior*, Macmillan, 1972.

Leacock, Eleanor Burke, *Myths of Male Dominance*, Monthly Review, 1981.

Lee, Dorothy, *Freedom and Culture*, Prentice-Hall, 1959.

Maas, Arthur, ed., *Area and Power: A Theory of Local Government*, Free Press, 1959.

Middleton, John, and David Tait, *Tribes Without Rulers*, Routledge & Kegan Paul, 1958.

Odum, Eugene, *Fundamentals of Ecology*, W. B. Saunders, 1971.

Sale, *Human Scale*, op. cit.

Turnbull, Colin, *The Forest People*, Doubleday, 1962.

P. 89: On Taoism, see Brian Morris, *Freedom*, August 21, 1981.

P. 93–94: Isaacs, op. cit., pp. 5, 11.

P. 97: Footnote: *Census of Governments*, U.S. Census Bureau, 1982.

P. 99: Bookchin, *Ecology of Freedom*, op. cit., p. 29.

P. 100–01: Clastres, op. cit., pp. 174, 178 ff.

8. Society

Coates, Gary, *Resettling America*, op. cit.

Goldsmith, Edward, *A Blueprint for Survival*, op. cit.

Schumacher, *Small Is Beautiful* and *Good Work*, op. cit.

Trager, William, *Symbiosis*, Van Nostrand, 1970.

Warfare

Bookchin, Murray, *Ecology of Freedom*, op. cit.

Bruyn, Severyn, and Paula Raymon, eds., *Creative Conflict in Society*, Wiley, 1978.

Carthy, John, ed., *The Natural History of Aggression*, Academic, 1964.

Diamond, Stanley, *In Search of the Primitive*, Transaction, 1981.

Durbin, E., and G. Catlin, eds., *War and Aggression*, Routledge & Kegan Paul (London), 1938.

Goldsmith, Edward, *The Ecologist*, No. 4, 1974; No. 2–3, 1983.

Horkheimer, Max, and Theodor Adorno, *Dialectic of Enlightenment*, Seabury (Continuum), 1972; Horkheimer, *The Eclipse of Reason*, op. cit.

Kohr, Leopold, *The Breakdown of Nations*, op. cit., Ch. 2.

McPhee, John, *La Place de la Concorde Suisse*, Farrar, Straus & Giroux, 1984.

Mead, Margaret, *Cooperation and Competition Among Primitive Peoples*, Beacon, 1961.

Mumford, Lewis, *The City in History*, op. cit.

Sharp, Gene, *Social Power and Political Freedom*, Beacon, 1980; *The Politics of Nonviolent Action*, Porter Sargent, 1974.

P. 111: Thomas, *New York Times*, June 7, 1983, p. C1.

P. 113: Trager, op. cit., p. vii.

P. 114: Schumacher, *Good Work*, op. cit., pp. 46–7. Jacobs, *Cities*, op. cit.

P. 124: Schmookler, Andrew, *The Parable of the Tribes*, California, 1984, p. 21.

P. 128: Kohr, op. cit., p. 91.

P. 129: Rathje and settlement sizes, Sale, *Human Scale*, op. cit., pp. 179 ff., 455 ff., 482 ff.

P. 130: Jacobs, op. cit., pp. 214–15.

III. THE BIOREGIONAL PROJECT

9. Past Realities

Turner

F. J. Turner, *The Significance of Sections in American History*, Holt, 1932, reprint 1950; *The United States, 1830–50*, Holt, 1935, reprint 1958; *American Sociological Society Papers*, Vol. II, 1908; and see James D. Bennett, *Frederick Jackson Turner*, Twayne, 1975.

Mumford

in Carl Sussman, ed., *Planning the Fourth Migration: The Neglected Vision of the Regional Planning Association of America*, MIT, 1976, reprinting the *Survey Graphic*, May 1925; *The Culture of Cities*, Harcourt, 1938; see also, *Technics and Civilization*, Harcourt, 1934, esp. Ch. VI.

Odum

Odum and Harry Estill Moore, *American Regionalism*, Holt Rinehart, 1938, reprint 1966; Odum and Katharine Jacker, eds., *In Search of the Regional Balance of America*, North Carolina, 1945; Odum, *Southern Regions of the United States*, North Carolina, 1936; see also Michael O'Brien, *The Idea of the American South, 1920–41*, Johns Hopkins, 1979.

NRC

National Resources Committee, *Regional Factors in National Planning and Development*, December 2, 1935, U.S. Government Printing Office, containing the *Report of the Technical Committee on Regional Planning*, October 1935.

Jensen, Merrill, ed., *Regionalism in America*, Wisconsin, 1951.

McHarg, Ian, *Design With Nature*, Doubleday/Natural History, 1969.

P. 138–39: Turner, *Significance*, op. cit., pp. 47, 49, 38, 40.
P. 141–43: Mumford, in Sussman, op. cit., pp. 90, 92, 93.
P. 143–44: Mumford, *Culture*, op. cit., p. 386.
P. 144–46: Odum, *Regionalism*, pp. 277, 10–11.
P. 146–48: NRC, pp. 155, 144, 8, 23, 24, 179.

10. Present Currents

Separatism

Albery, Nicholas, and Mark Kinzley, *How to Save the World*, Turnstone (Wellingborough, Northhamptonshire, UK), 1984.

Co-Evolution Quarterly, Winter 1982.

Cummings, Richard, *Proposition Fourteen*, Grove, 1980.

Hobsbawm, Eric, *New Left Review*, September 1977.

Jacobs, Jane, *The Question of Separatism*, Random House, 1980.

Kohr, *The Breakdown of Nations*, op. cit.

Raise the Stakes, Planet Drum, 1979–.

Snyder, Louis L., *Global Mini-Nationalisms*, Glenwood (West-port, CN), 1982.

Zwerin, Michael, *A Case for the Balkanization of Practically Everyone*, Wildwood House (London), 1976; *Devolutionary Notes*, Planet Drum, 1980.

Regionalism

Alden, Jeremy, and Robert Morgan, *Regional Planning*, Wiley, 1974.

American Institute of Planners, *Planning America*, 1974.

Clavel, Pierre, ed., *Urban and Regional Planning in an Age of Austerity*, Pergamon, 1980.

Cumberland, John H., *Regional Development Experiences and Prospects in the United States*, Mouton (Paris), 1971.

Dickinson, *Regional Concept*, Routledge & Kegan Paul, 1976; *City and Region*, Routledge & Kegan Paul, 1964; *Regional Ecology*, Wiley, 1970.

Editorial Research Reports, *Resurgence of Regionalism*, February 1977.

Elliott, William Yandell, *The Need for Constitutional Reform*, Whittlesey House (New York), 1935, esp. pp. 191 ff.

Friedmann, John, and William Alonso, *Regional Policy*, MIT, 1975.

Friedmann, John, and Clyde Weaver, *Territory and Function*, op. cit.

Glikson, Artur, *The Ecological Basis of Planning*, Martinus Nijhoff (The Hague), 1971, edited by Lewis Mumford.

Hall, Peter, ed., *Europe 2000*, Columbia, 1977.

Hoover, Edgar M., *Introduction to Regional Economics*, Knopf, 1975.

Jackson, Gregory, et al. (Harvard-MIT Joint Center for Urban

Studies), *Regional Diversity*, Auburn House (Boston), 1981.

Lynch, Kevin, *Managing the Sense of a Region*, MIT, 1976.

Miernyk, William H., *Regional Analysis and Regional Policy*, Oelgeschlager, Gunn & Hein (Cambridge, MA), 1982.

Mumford, Lewis, *Regional Planning in the Pacific Northwest*, Northwest Regional Council, Portland, 1939.

Price, Kent A., *Regional Conflict and National Policy*, Johns Hopkins, 1982.

Sharkansky, Ira, *Regionalism in American Politics*, Bobbs-Merrill, 1970.

Smith, Carol A., ed., *Regional Analysis*, Academic, 1976, 2 vols.

 P. 152: On disintegration, *Human Scale*, op. cit., pp. 20–22; 430–33.

 P. 153: Isaacs, op. cit., p. 4.

 P. 154: Hobsbawm, op. cit.

   Snyder, op. cit.

 P. 156: Zwerin, op. cit., p. 4.

 P. 157: Clout, Hugh, ed., *Regional Development in Western Europe*, John Wiley, 1981, p. 15.

   Shahabuddin, in *The Guardian*, July 18, 1983, p. 11.

 P. 158: Thurow, *The Zero-Sum Society*, Basic, 1980.

 P. 159: Harvard-MIT, in Jackson, op. cit., p. 5.

   Markusen, in Clavel, op. cit.

 P. 162: Special district governments, *U.S. Census of Governments*, U.S. Government Printing Office, 1982.

11. Future Visions

Bioregional library

Berg, Peter, ed., *Reinhabiting a Separate Country*, op. cit.

Berg, Peter, and George Tukel, *Bioregions: A New Context for Public Policy*, Planet Drum, 1980.

Bookchin, op. cit.

Dasmann, Raymond, *The Last Horizon*, Macmillan, 1963; *Planet in Peril*, UNESCO, 1972; *Ecological Principles for Economic Development*, Wiley, 1973.

Helm, Michael, *City Miner*, City Miner Books (San Francisco), 1983.

Mander, Jerry, *Four Arguments for the Elimination of Television*, Morrow, 1978.

Nabhan, Gary, *The Desert Smells Like Rain*, North Point (San Francisco), 1982.

Snyder, Gary, *Earth House Hold*, New Directions, 1969; *Turtle Island*, New Directions, 1974; *Songs for Gaia* [sic], Copper Canyon Press (Port Townsend, WA), 1979; *Axe Handles*, North Point (San Francisco), 1984.

Todd, John, and Nancy Jack Todd, *Bioshelters, Ocean Arks, City Farming*, Sierra Club, 1984.

Todd, John, and George Tukel, *Reinhabiting Cities and Towns: Designing for Sustainability*, Planet Drum, 1981.

Tukel, George, *Toward a Bioregional Model*, Planet Drum, 1982.

Worster, Donald, *Nature's Economy*, Sierra Club Books, 1977; Anchor, 1979.

P. 165: Lynch, op. cit., p. 10.

P. 172–73: Bioregional Congress, *North American Bioregional Congress Proceedings*, New Life Farm (Drury, MO), 1984.

P. 174–75: *Programme of the German Green Party*, Heretic Books (London), 1983, p. 7.

IV. THE BIOREGIONAL IMPERATIVE

12. Gaea Confirmed

Bookchin, Murray, *The Ecology of Freedom*, op. cit.

Co-Evolution Quarterly, Spring 1981, Fall 1984.

Hughes, J. Donald, *The Ecologist*, No. 2–3, 1983.

Lovelock, James, *GAIA* [sic], Oxford, 1979.

Margulis, Lynn, and Dorion Sagan, *The Ecologist*, No. 5, 1983.

Margulis, Lynn, *Symbiosis in Cell Evolution*, op. cit.

Tsuchida, Atsushi, and Takeshi Murota, *Social Science Review* (Sri Lanka), February 1983.

P. 183–84: *New Scientist*, No. 65, 1975, p. 304.

P. 187: Lovelock, op. cit., p. 10.

P. 189–90: Margulis, op. cit., pp. 348ff.

Japanese, Tsuchida and Murata, op. cit.

P. 190–92: Thomas, *New York Times Magazine*, April 1, 1984.

索　引

（数字系原书页码，在本书中为边码）

图书在版编目(CIP)数据

大地上的栖息者:生物区域构想/(美)柯克帕特里克·
塞尔著;李健译. —北京:商务印书馆,2020
(环境政治学名著译丛)
ISBN 978 - 7 - 100 - 17543 - 2

Ⅰ. ①大⋯ Ⅱ. ①柯⋯ ②李⋯ Ⅲ. ①区域生态环
境—研究 Ⅳ. ①X21

中国版本图书馆 CIP 数据核字(2019)第 106004 号

环境政治学名著译丛

大地上的栖息者
——生物区域构想

〔美〕柯克帕特里克·塞尔 著
李 健 译

商 务 印 书 馆 出 版
(北京王府井大街36号 邮政编码100710)
商 务 印 书 馆 发 行
北京艺辉伊航图文有限公司印刷
ISBN 978 - 7 - 100 - 17543 - 2

2020 年 5 月第 1 版   开本 880×1230 1/32
2020 年 5 月北京第 1 次印刷   印张 7½
定价:25.00 元